地下工程供电系统谐波分析与抑制技术

李建科　陈静静　罗　珊　著

国防工业出版社

·北京·

内 容 简 介

本书在分析地下工程供电系统及负载特性的基础上,对整流型负载谐波特性进行了仿真研究,研究了变压器谐波模型并分析了 3 倍次谐波的特点,通过试验研究分析了谐波对柴油发电机组性能的影响。

本书可作为高等院校相关专业辅导教材,也可作为企事业单位电力工程相关人员的参考用书。

图书在版编目(CIP)数据

地下工程供电系统谐波分析与抑制技术/李建科等著.
—北京:国防工业出版社,2020.9
ISBN 978-7-118-12084-4

Ⅰ.①地… Ⅱ.①李… Ⅲ.①地下工程—供电系统—谐波检测 Ⅳ.①TM72

中国版本图书馆 CIP 数据核字(2020)第 161179 号

※

国防工業出版社出版发行
(北京市海淀区紫竹院南路 23 号 邮政编码 100048)
北京龙世杰印刷有限公司印刷
新华书店经售

*

开本 880×1230 1/32 **印张** 5¼ **字数** 150 千字
2020 年 9 月第 1 版第 1 次印刷 **印数** 1—1500 册 **定价** 48.00 元

国防书店:(010)88540777 书店传真:(010)88540776
发行业务:(010)88540717 发行传真:(010)88540762

前　言

随着国民经济持续高速发展,工程建设的规模和水平不断提高,地下空间的开发与利用越来越受到人们的重视。地下工程供电主要依靠公用电网,当公用电网被破坏后依靠工程内部柴油电站提供电能保障。随着终端用能形式变化多样,电力电子装置大量应用于工程中,其运行时在交流侧将产生大量谐波电流,谐波电流经过电源内阻抗后进一步产生谐波电压,导致电能质量严重下降,不仅对供电系统本身造成不良影响,甚至危害到地下工程内部设备的正常工作。

本书在分析地下工程供电系统及负载特性的基础上,对整流型负载谐波特性进行了仿真研究,研究了变压器谐波模型并分析了 3 倍次谐波的特点,通过试验研究分析了谐波对柴油发电机组性能的影响。本书可作为高等院校相关专业辅导教材,也可作为企事业单位电力工程相关人员的参考用书。

本书引用了国内外许多专家、学者的著作、论文等文献,在此表示衷心的感谢。

由于作者水平有限,书中难免有疏漏和不妥之处,恳切希望读者批评指正。

编　者

2019 年 12 月

目　　录

第1章　绪　　论

1.1　研究背景及意义

地下工程是国家积极防御体系中最重要的组成部分之一,而电能是地下工程最重要的能量形态,电能质量直接关系到地下工程内部设备能否正常工作。目前,我国地下工程电气部分设计技术大多停留在20世纪60年代水平,采用苏联的电源满足简单负载结构基本参数要求的方法,即将负载有功功率进行简单叠加后选择电源或扩充容量。随着科学技术的发展,特别是"九五"计划以来,地下工程内部设备进入了快速发展时期,电气化、信息化程度显著提高,电气负载结构发生了重大变化,通信设备、计算机、数字控制装置等大量智能化、精密复杂电子设备逐步应用于地下工程供电系统中,感性、容性、非线性、冲击性、非惯性负载的比例越来越大,负载电气特性各不相同。这些设备一方面对电源输出的电能质量要求越来越高;另一方面又影响电源的输出特性,例如,这些负载在消耗电能的同时将部分基波能量转化为谐波能量注入供电系统中。地下工程供电电源通常采用柴油发电机组,发电容量小、电源内阻大、输出电压频率不稳定,谐波问题越来越严重。

地下工程供电系统中典型非线性负载是整流型负载,其运行时在交流侧将产生大量谐波电流,谐波电流经过电源内阻抗后进一步产生谐波电压,谐波电压与同步发电机的基波电压叠加后,引起电源输出的电压波形发生畸变,导致电能质量严重下降,不仅对供电系统本身造成不良影响,甚至危害到地下工程内部设备的正常工作,特别是对电压质量要求较高的用电设备,如可控整流器、精确合闸装置、电容补偿装置等,严重畸变的电压、电流将导致这些设备受到严重的电磁干扰而不能正常工作甚至损坏。此外,地下工程供电系统中电压和电流波形畸变越严重,系统中谐波功率越大,而电源提供的总功率是一定的,必将导致部分用电负载吸收的有功功率无法达到额定功率从而不能发挥最大工作效能;同时,系统中谐波电流注入同步发电机电枢绕组中,将改变同步发电机内部功率的平衡点,进而导致柴油发电机组输出有功功率降低。

1.2 国内外研究现状

1.2.1 公用电网谐波研究现状

供电系统谐波的定义是对周期性非正弦电量进行傅里叶级数分解,除了得到与电网基波频率相同的分量,还得到一系列大于电网基波频率的分量,这部分电量称为谐波。谐波频率与基波频率的比值($n=f_n/f_1$)称为谐波次数。电网中有时也存在非整数倍谐波,称为非谐波(Non-harmonics)或分数谐波。

“谐波”一词起源于声学,有关谐波的数学分析在18和19世纪已经奠定了良好的基础,傅里叶等人提出的谐波分析方法至今仍被广泛应用。电力系统的谐波问题早在20世纪二三十年代就引起了人们的注意,当时在德国,由于使用静止汞弧变流器而造成了电压、电流波形的畸变。1945年,Read发表的有关变流器谐波的论文是早期有关谐波研究的经典论文。

到了20世纪五六十年代,由于高压直流输电技术的发展,发表了有关变流器引起电力系统谐波问题的大量论文。70年代以来,由于电力电子技术的飞速发展,各种电力电子装置在电力系统、工业、交通及家庭中的应用日益广泛,谐波所造成的危害也日趋严重,世界各国都对谐波问题予以充分关注,国际上召开了多次有关谐波问题的学术会议,不少国家和国际学术组织都制定了限制电力系统谐波和用电设备谐波的标准和规定。

美国海军是最早在海军电子设备电源规范中规范电能质量要求的。国际电工委员会(IEC)是电工电子技术领域的国际标准化组织,其第8技术委员会(TC8)的专业范围是电能供应系统方面,它仿照电磁兼容专业委员会TC77的IEC61000标准体系制定了自己的标准框架文件;欧洲对电能质量标准的制定和修订比较重视,发布的标准也较为广泛,包括电力系统中对电压偏差、频率偏差的可靠性要求和测量监测电能质量信号的方法;日本现行的电能质量标准包括针对频率偏差、电压偏差、电压暂降和暂升、波动闪变、谐波、三相不平衡度等特性参数的限值、检测评估方法等;俄罗斯的ГОСТ 13109—1997《联邦标准 电能源 设备电磁兼容性 供电系统电能质量规定》是其有关电能质量的重要标准,规定了电能质量术语、参数及额定允许值和极限允许值、测量和误差要求等。

世界各国的技术人员潜心研究谐波问题,有力地推动了谐波领域的相关技术的发展,同时也取得了丰硕的研究成果。Arrillaga是新西兰坎特布雷大学著名教授,国际知名的资深电能质量专家,多年来在谐波研究领域发表过许多有影响的论文,1985年出版的《电力系统谐波》一书是世界上较早的一本关于谐波的专著,对国际谐波研究的开展以及谐波分析和治理工作起到了积极推动作用;2006年,由de la Rosa博士所著的《电力系统谐波》一书反映了作者在美国、加拿大和墨西哥等国的电力、石油和钢铁等工业领域二十余年的工作实践中所积累的许多实例,并采用当前主流的专业软件工具进行相关的分析和研究,详细介绍了电力系统中谐波的产生、传播及抑制方法等方面的内容,重点阐述了包括无源滤波技术在内多种谐波治理方法。

相比而言,我国对谐波问题的研究起步较晚。1988年吴竞昌等人出版的《供电系统谐波》一书和1994年夏道止等人出版的《高压直流输电系统的谐波分析及滤波》一书是我国有关谐波问题较有影响的著作;1998年林海雪等人出版的《电能质量技术丛书》详细介绍了电能质量的各项指标。我国参照世界各国的标准与惯例对高次谐波限值作了明确的规定,并于1993年颁布实施了GB/T 14549—1993《电能质量 公用电网谐波》国家标准,该标准规定了低压电网谐波电流及谐波电压限值。此外,其他学者也对谐波问题展开了深入的研究,东南大学的顾伟等人在对称分量解耦补偿理论基础上对各种电力元件建立了谐波潮流计算时的模型提出了基波谐波部分解耦的潮流算法；武汉大学的翁利民等人分析了谐波测量的条件、监测点、测量间隔，以及测量数据的处理方法；湖南第一师范学院的胡伟等人对瞬时无功功率的谐波检测算法进行了改进；蚌埠坦克学院的孟建新等人对电力电子系统谐波干扰与抑制方法分析进行了研究。

电能质量的分析方法有很多研究成果可供借鉴。由法国物理学家 Grossmann 和法国数学家 Morlet 等人共同提出来的小波变换是时间和频率的局部变换，能够有效地从信号中提取有用信息，并通过伸缩和平移对信号进行多尺度细化分析，有“数字显微镜”的美誉，同时通过小波变换可对电能监控、试验装置记录的电能质量信号进行深入的分析；由 Fryze、Quade 和 Akagi 等人先后提出的瞬时无功功率理论，突破了传统的以平均值为基础的功率定义，系统地定义了瞬时无功功率、有功功率等瞬时功率量，是电能质量分析的重要手段，在谐波和无功电流的实时检测方面获得了成功应用。

地下工程采用外电时一般通过变压器接入公用电网，非线性负载产生的谐波注入配电干线处，进而流向变压器出线侧，研究谐波对变压器的影响对变压器安全可靠运行具有重要意义。

自从 1885 年匈牙利的拉提、德利、齐佩诺夫斯基发明了变压器并由岗茨工厂制造出第一台实用型变压器以来，变压器已经有 120 多年的历史，国内外学者对变压器模型理论研究做了大量的工作。

对于谐波作用下的变压器模型，国内外学者都已经尝试使用各种方法建立其模型。早在 20 世纪 70 年代末，文献[17]就提出一种方案：依据试验手段测取变压器实际参数，用函数拟合逼近的方法模拟了导磁体磁滞曲线，但并未考虑暂态特性和非线性负载的谐波电流影响，所以模型本身并不完善，理论推导不够深入。80 年代末，文献[18]提出，在变压器绕组漏抗与电阻一定的情况下，将变压器磁滞损耗电导和涡流损耗电导分开考虑，各次谐波的影响用不同大小的等效磁滞损耗电导并联模拟，仿真效果较理想，但是这一理论并没有考虑绕组电阻、漏抗在不同次谐波作用下的阻值与抗值变化，同时也只是用于单相变压器模型，没有对三相变压器模型进行研究。进入 90 年代后，国外有学者提出引入磁化曲线和铁耗电流曲线来建立变压器非线性模型：采用变压器并联等效模型，将激磁电流分为有功电流和无功电流，铁耗电流（有功电流）曲线实际上反映了励磁电阻的非线性，即励磁电阻随铁芯饱和程度的变化情况，但是实际使用中铁耗电流不能直接测得，而是通过其他间接方式测得，误差较大。

我国自行研制变压器始于 1971 年，相比国外较晚。20 世纪 90 年代末，文献[19]提出单相变压器有源谐波模型，考虑了变压器绕组电阻谐波等效模型，未考虑三相变压器模型，也没有指出二者之间的关系。经过国内外学者的反复探索与研究，更加切合实际的三相变压器模型已经有了很大的进步。文献[20]提出一种新型分析暂态过程的非线性变压器时域模型，用 Jiles-Atherton 理论来构建模型模拟单相变压器的磁滞现象，模型动态性能较好，对于涡流损耗又引入新的绕组来处理，动态仿真效果相对良好，但是也未考虑谐波电流作用后各个元件不同模型。文献[21]和[22]分别采用函数逼近法和分段线性化的方法逼近模型中模拟的铁耗电阻和励磁电抗，因此变压器饱和特性曲线较准确，但是该模型也没有考虑绕组电阻和漏感随谐波变化的非线性特性，没有测试负载谐波对变压器饱和特性的影响。文献[23]利用对称分量法，考虑了铁损和铜损、相位偏移等问题，理论上推导并证明了因变压器中性点接地或者不接地引起的漏磁导纳矩阵奇异问题，便于不平衡负载的潮流计算与故障分析，但是该模型简单地考虑了变压器铁损，同时也没有建立起完整的三相变压器仿真模型。文献[24]指出了三相变压器谐波模型基本特征并分析了与单相变压器谐波模型的区别所在，理论推导较为深入，但是也没有给出变压器谐波仿真模型。综合起来有以下不足：

（1）对变压器三相谐波模型与单相谐波模型差异分析较少，虽然采用的方法较多，但模型依然没有全面考虑变压器绕组阻抗的谐波效应。

（2）虽然很多文献都试图采用 PSPICE、SIMULINK、PSCAD 等软件进行了变压器建模，但均没有带非线性负载运行并分析模型可行性，带非线性负载仿真误差较大。

（3）各类仿真软件建立的变压器模型运行效率、算法优劣等均没有考虑。

1.2.2 地下工程供电系统谐波研究现状

传统的公用电网是以大容量、大机组、高电压为主要特征的集中式单一供电系统，而以柴油发电机组为内电电源的地下工程供电系统是将发电系统以小规模的形式布置在用户附近，向负载独立输出电能的供电系统，其主要特点是发电容量较小、电源内阻抗较大、电网频率不稳定。

当内电电源工作时，地下工程供电系统是一个微型独立的电力系统，显著特点是惯性小、承受扰动的能力弱、容量有限、非线性程度高，即使电源自身能满足各种电气指标要求，但当与用电负载连为一体时，仍会出现谐波、有功功率降低、电磁干扰等一系列问题，系统的电能质量不仅取决于发电、输电和供电系统本身，更取决于用电负载。因此，一些学者针对小容量供电系统负载的特点进行了研究。南京电子技术研究所的赵岭等人研究了某型相控阵雷达对电源的要求，提出了一种带同步控制功能的高功率、高密度型开关电源；中国电子科技集团第二十研究所的王韬设计了一种可用来对某型雷达所有电源模块进行故障检测和分析的自动测试系统，增强了供电系统的可靠性；南京理工大学的杨玉东等人通过对脉冲功率电源电路参数和电磁炮参数的分析，建立了两者之间的关系方程并对电源电路进行了设计；王玉明等人评估了基于加速性能退化的雷达电源板的可靠性，结果表明基于加速退化数据进行该部分可靠性分析方法可行、结果可信，且更具优势，为雷达系统可靠性评估及增强可信度奠定了基础；军械工程学院的周彦江等人针对传统的自行火炮供电系统的故障检测和试验方法效率低且测试周期长，不便于现场检测的问题，提出了一种车载供电系统的不解体自动检测方案。但是，针对地下工程供电系统中非线性负载产生的谐波问题还没有相关的文献进行研究。

随着负载中非线性负载比例逐渐增大，非线性负载本身产生了大量的谐波，从而造成整个系统谐波含量超标，有功功率输出不足。此外，分析供电系统结构可以将谐波源分为两类：一是电源本身以及输配电系统产生的谐波，由于制造和结构的原因，发电机三相绕组很难做到完全对称，铁芯也很难做到绝对均匀一致，使得电源在发出基波电势的同时也会产生谐波电势;二是电网终端非线性负载产生的谐波,这些非线性负载的非线性特性导致电流波形发生畸变,产生谐波电流注入供电系统中,成为电网主要的谐波源。如某地下工程供电系统负载电流波形和各次谐波含量如图1-1所示。

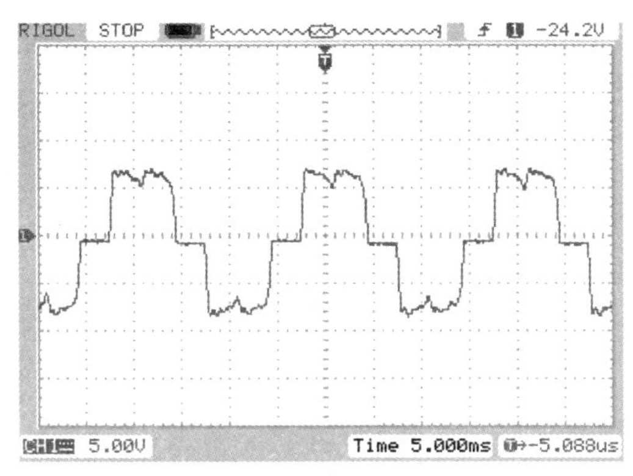

(a) 负载电流波形

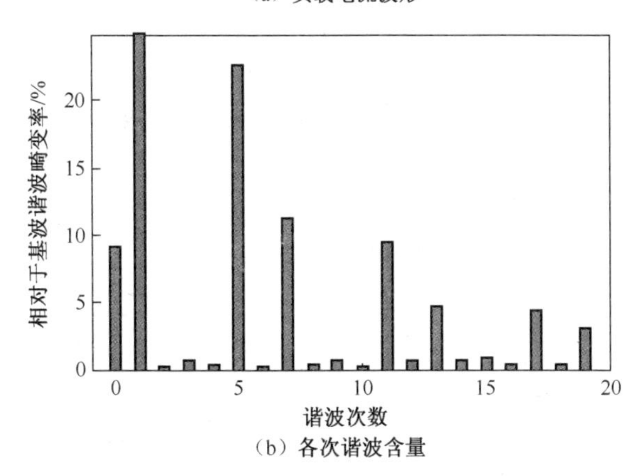

(b) 各次谐波含量

图1-1 负载电流波形及各次谐波含量

测量结果表明,电流波形畸变严重,其电流畸变率达30.1%。

在地下工程供电系统应用中,谐波引起的问题越来越明显。如在某电气装置中,采用了多台不同电压制式的大功率开关、整流、逆变电源和两台大功率(40kW,15kW)异步电动机,技术协议要求柴油发电机组提供120kW电能,并要求两台异步电机带载启动,装置正常工作。

由于该装置采用了大量的新开关器件和大电流冲击性载荷，使其电气负载结构为非线性和冲击性，导致装置和电源对接试验时无法正常工作，通过现场调查发现柴油发电机组输出有功功率仅为55kW，中性线电流高达近百安[培]；主要原因在于电气装置大量采用新型开关器件，在原线性负载中加入了大量非线性成分，改变了负载结构，导致供电系统中谐波含量迅速上升，柴油发电机组输出有功功率的能力下降，无法向负载提供足量的电能。这些问题产生的主要原因均是非线性负载的大量使用导致供电系统中谐波含量迅速增加，引起柴油发电机组内部机电能量关系发生改变，降低了有功输出能力。

目前，谐波对同步发电机的影响研究主要集中在同步发电机输出电压和电流等参数，而没有从同步发电机内部磁场的角度展开分析。西北工业大学的高朝晖等人研究了带整流负载同步发电机的平均模型，但是在建立模型的过程中仅考虑系统交流变量的基波分量和直流变量的平均值，而将交流变量的其他各次谐波和叠加在直流变量上的波动全部忽略；南昌大学的黄绍刚利用有限元分析软件的电磁分析功能对谐波励磁同步发电机空载谐波磁场进行了分析；北京航空航天大学的黄建等人研究了同时带有整流负载和交流负载的同步发电机分析方法，得出不同负载比例下交流侧谐波含量不同的结论；海军工程大学的杨青等人研究了同时带交流和整流负载的三相同步发电机系统的等效电路模型，得出的模型可用于系统稳态和似稳态过程的分析计算。

在分析同步发电机的磁场时，传统的方法是只考虑基波磁场，但随着电枢电流中谐波含量越来越大，谐波磁动势在电磁转矩中的比例也越来越大，在分析谐波对柴油发电机组的影响时，不可忽略谐波磁动势，因此，本书将结合现有的研究成果，从磁场角度分析谐波对柴油发电机组的影响。

1.2.3 谐波抑制技术研究现状

目前，电网中常用的用于抑制谐波的方法可分为主动治理和被动治理。主动治理即从谐波源本身出发，使谐波源不发射谐波或降低谐波发射量；被动治理即外加滤波器，滤除谐波源发出的谐波，使谐波源发出的谐波不流入电网中。

主动治理措施主要包括以下一些内容。

(1) 采用功率因数校正技术。无源功率因数校正方案是应用电感、电容等无源元件和整流电路一起组成拓扑网络,通过增大输入电流的导通角来提高功率因数,主要优点是简单、成本低、可靠性高、电磁干扰小。

(2) 采用 PWM 技术。在变流器装置中使用脉宽调制技术,使变流器输入侧电流波形接近正弦波,进而促使变流器产生的谐波频率较高、幅值较小[42]。

(3) 增加整流装置的脉动数。整流装置产生的特征谐波电流次数与脉动次数 k 有关,n 次谐波与脉动次数 k 的关系为 $n=kp\pm1(k=1,2,3,\cdots)$。当脉动次数 k 增加时,整流器产生的特征谐波次数也越高,由于谐波电流幅值与次数成反比,含量较大的次数谐波被滤除,因此谐波源产生的总谐波电流将减少。

(4) 改变谐波源的配置或工作方式。不同的谐波源谐波特性也不同,不同时刻投入工作的非线性负载也将产生不同的谐波含量,将具有谐波互补性的谐波源集中安装,将抵消部分谐波功率。

被动治理措施主要是外加滤波装置,即采用无源电力滤波器、有源电力滤波器或混合型电力滤波器进行滤波。被动治理方式主要是就地吸收谐波源所产生的谐波电流,是抑制谐波污染的有效措施。通常可以将电力滤波器分为无源电力滤波器和有源电力滤波器两种:

1. 无源电力滤波器

无源电力滤波器(Passive Power Filter, PPF)是由电容、电感和电阻按照一定的参数配置和一定的拓扑结构连接而成,结构简单、成本低、运行可靠性高,在吸收谐波基础上还可以补偿无功、改善功率因数,且维护方便、技术设计、制造经验成熟,无源电力滤波器是目前广泛使用的谐波抑制装置。典型的单调谐滤波器和二阶高通滤波器如图 1-2 所示。

单调谐滤波器支路的总阻抗为

$$Z = R + \mathrm{j}\left[\omega_n L - \frac{1}{\omega_n C}\right] \tag{1-1}$$

若 $X_L = X_C$,即单调谐滤波支路阻抗最小,其频率为

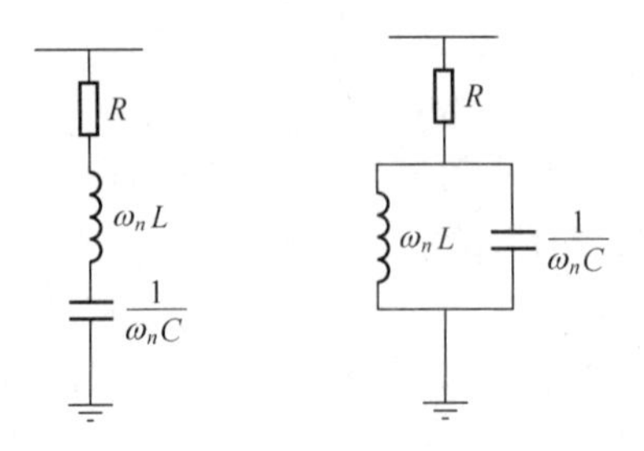

图 1-2　常用无源电力滤波器结构

$$f_n = \frac{1}{2\pi\sqrt{LC}} \tag{1-2}$$

此时,谐波次数为

$$n = \sqrt{\frac{X_C}{X_L}} \tag{1-3}$$

二阶高通滤波中,高通滤波电路对 n 次谐波的阻抗为

$$Z_n = \frac{jR\omega_n L}{R + j\omega_n L}R + \frac{1}{j\omega_n C} \tag{1-4}$$

滤波器在高于 ω_n 的范围内呈现低阻抗,因此高于此频率的谐波电流流入此支路而被滤除。

因此,谐波源发出的谐波中,第 n 次谐波将被单调谐滤波器滤除。虽然无源电力滤波器已广泛使用,但是其谐振频率依赖于元件参数,因此只能对主要谐波进行滤波,L、C 参数的漂移将导致滤波性能改变,容易使滤波性能不稳定;滤波特性依赖于电网参数,而电网的阻抗和谐振频率随着电力系统的运行工况随时改变,因而 LC 网络设计较困难;电网负载改变时,变化的系统阻抗可能和 LC 滤波器之间会发生并联谐振或者串联谐振,使该频率的谐波电流被放大,电网供电质量下降;当接于电网中的其他谐波源未采取滤波措施时,其谐波电流可能流入该滤波器,造成过载。

2. 有源电力滤波器

早在 20 世纪 70 年代初期,日本学者就提出了有源电力滤波器(Active Power Filter,APF)的概念,80 年代以后,大功率开关器件的迅速发展和非正弦条件下无功功率补偿理论的深入研究为 APF 的实用化提供了必要条件。APF 具有高度可控性和快速响应性，其滤波特性不受系统阻抗和电网频率的影响，同时还具有自适应功能，可自动跟踪补偿变化的谐波，当补偿对象过大时，APF 不会发生过载，仍能正常地发挥补偿作用。

APF 主要有指令电流运算电路和补偿电流发生电路两大部分组成，其中指令电流运算电路的主要功能是检测出负载电流中谐波成分，补偿电路的作用是根据指令电流运算电路产生的指令信号，产生补偿电流，补偿电流与负载电流中谐波成分相抵消，得到理想的电源电流，其工作原理如图 1-3 所示。

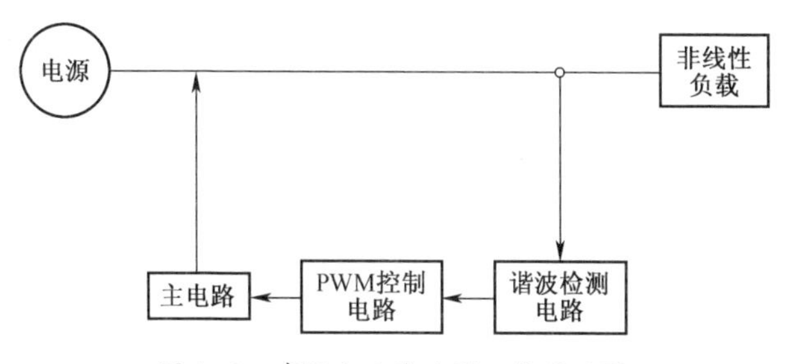

图 1-3　有源电力滤波器工作原理图

APF 根据补偿方式的不同可分为局部补偿、部分补偿、总补偿三种方式，也可以根据与负载的连接关系分为并联型、串联型和混合型，并联型中由于补偿方式不同，可分为电流型和电压型。APF 最大的特点是能对变化的谐波进行快速的动态跟踪，它根据负载的谐波进行动态补偿，它不但能滤去高次谐波而且能对基波无功进行补偿，达到负载电流波形与系统电压波形一致，从而实现了一机多能，是谐波治理的理想的装置。

APF 不仅能补偿各次谐波，还可抑制闪变、补偿无功功率；滤波特性不受系统阻抗的影响，可消除与系统阻抗或负载发生串联或并联谐振的危险；能动态跟踪补偿负载电流；动态响应快。

针对地下工程供电系统的特点，当内电电源供电时，频率波动比较大，需要选择合适的抑制谐波的方案。

第 2 章　地下工程供电系统及负载分析

随着地下工程电气化程度的提高,非线性负载在总负载中的比例越来越大,小型化、智能化用电负载在经过改造的地下工程中得到广泛应用,这些设备在提高工程效能的同时也带来了电能质量和功率匹配的问题,即这些设备在消耗有功功率的同时将部分有功功率转化为谐波功率注入供电系统中,而非线性负载的谐波特性受工作条件、工作方式影响而有所不同。

地下工程的种类较多,但各类工程的供电系统结构却大同小异,本章统计了典型地下工程的负载设计情况,并对其用电特性进行了分析。

2.1　地下工程供电系统

2.1.1　地下工程的供电系统结构

地下工程供电系统一般采用市电供电,当市电出现故障时采用柴油发电机组进行供电,照明和动力分别采用不同的线路进行供电。地下工程供电系统结构图如图 2-1 所示。

1. 外电源

地下工程外电源是指地下工程引接的地方公用电网电源。根据工程附近公用电网情况引接的外部电源通常分为高压电源和低压电源两种。高压电源一般为 10kV,最高不超过 35kV,通过高压电缆进入电缆井,引入工程内部的变压器室,将高压电源变换为 380/220V 低压电源后送到低压配电柜,然后分配至各负载;如果工程附近没有高压电源,也可以直接引接低压外电源,但应考虑低压电源的容量,并满足负载需要,引接的低压电源可直接引至低压配电柜。

2. 备用电站

地下工程内部电源通常是指设在工程内部的柴油发电机组。当战

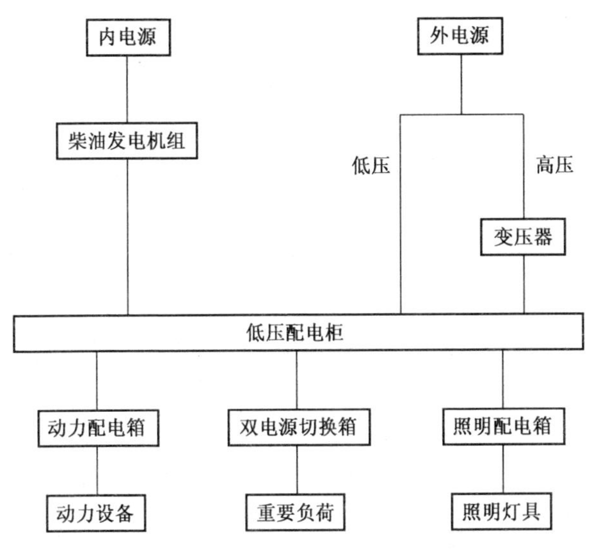

图 2-1　地下工程供电系统结构

时外电遭受破坏时，采用柴油发电机组进行供电。柴油发电机组的台数及单机容量根据负载容量、工程的重要程度和考虑适当的备用容量确定。为便于电站的维护管理，机组台数一般不多，且采用同一型号的机组，以减少备用零部件。

3. 动力配电箱

动力配电箱是向工程内的各种通风、给排水等动力用电设备供电的配电装置。动力配电箱上装有各种开关和保护、监测设备，对动力设备进行安全可靠的供电。动力配电箱一般设在动力设备较集中的地方，以便于操作和减少线路电能损失。

4. 照明配电箱

照明配电箱是工程内部照明灯具用电的配电装置。照明配电箱上一般装有若干开关设备和熔断器，以便向照明灯具供电和保护线路安全。照明配电箱的数量根据整个工程照明负载的分布情况确定，其位置一般设在各分区的照明负载中心，便于维护操作。

5. 双电源切换箱

为防止线路故障所引起的停电事故，对要求不间断供电的重要负载通常采用双电源单回路电源侧自动切换或双电源双回路负载侧自动切换的措施。双电源自动切换箱的作用是当正在供电的电源发生故障时,能自动地切除故障电源并迅速投入备用电源,以保证重要负载的连续供电。

2.1.2 地下工程的供电特点

与地面建筑供电系统相比,地下工程供电系统主要有以下特点。

1. 供电可靠性要求高

供电系统安全可靠是地下工程正常运转的最基本要求,因为特殊的地理位置和功能需求,停电会给地下工程带来极其恶劣的影响,严重威胁到工作人员的生命安全。特别是对电力中断和电能质量非常敏感的控制设备,断电 70~100ms,就会引起整个工程瘫痪,且恢复困难,对于某些需要以供电频率为基准的设备,瞬时频率过大变化,将导致系统工作失控。因此,地下工程供电可靠性要求极高。

2. 电力负载分级供电

电力负载的等级根据负载在工程中的重要程度划分,一般分为一级负载、二级负载和三级负载。一级负载采用双电源、双回路电源侧或负载侧自动切换系统;二级负载采用双电源、双回路负载侧手动切换供电系统;三级负载不影响工程的正常运转,一般采用单回路供电。当电源容量不足时,应当逐级切换负载,以保证重要负载的供电。

3. 地下工程电源短路容量小,受谐波的影响大

地下工程内部电网不同于公用电网,公用电网可近似地认为短路容量为无穷大,内阻近似为零;而地下工程供电系统电源容量不可看作无穷大。由于电源只提供地下工程电气负载所需的电能,因此它的系统容量与大电网相比要小得多,其容量与负载可相比拟,而系统中负载种类多,动态变化范围宽,动态过程频繁,负载波动将对电源造成较大的影响,如在驱动电机启动时,电源电压、频率波动较大。

4. 平时维护管理负载率低

地下工程日常的运行维护中一般只启动风机进行工程防潮除湿,开启少量灯具作为维护管理人员的操作照明。因为地下工程平时热湿负载比战时小得多,动力设备和变压器的负载率都很低,所以维护管理

方式与普通工程差异很大。

2.2 地下工程负载统计与分析

2.2.1 负载统计

地下工程的负载一般可分为动力负载、照明负载、办公负载和其他负载。研究地下工程的节电，就必须先对地下工程的用电设备能耗情况进行统计和分析。

(1) 典型Ⅰ类地下工程负载情况如表2-1所列。

表2-1 典型Ⅰ类地下工程负载统计表

类别	设备名称	安装容量/kW	设备名称	安装容量/kW
动力负载	一口电站风机	30	一口电站水泵、油泵	1.5
	一口防化间风机	15	一口生活水泵	11
	一口进排风机	30	一口污水泵	5.5
	三口进风机	22	一口新扩水库泵	3.7
	二口电站风机	55	二口新扩水库泵	5.5
	二口防化间风机	11	二口电站油泵	0.75
	二口排风机	15	二口污水泵	5.5
	中央控制室风机	0.75	二口生活水泵	11
	一区风机	7.5	消防泵	7.5
	一区空调	18.5	二区空调	21.5
	三区空调	23.3	四区空调	96
照明负载	一口部照明	8.71	二口收讯机室照明	6.87
	二口部照明	18.12	一至四区走道照明	15.3
	一区照明箱	15.14	二区照明箱	46.08
	三区照明箱	21.22	四区照明箱	61.79
	一区厨房照明	0.56	三口照明箱	17.16
办公负载	通信设备	40	UPS	50
其他负载	一区电热箱	28.5	二区电热箱	50
	三区电热箱	30	四区电热箱	43.9
总容量	850.85			

其中，动力负载为395.5kW，约占总负载的46.59%；照明负载为210.95kW，约占总负载的24.85%；办公负载为90kW，约占总负载的10.6%；其他负载为152.4kW，约占总负载的17.95%。各类负载在总负载中的比例分布如图2-2所示。

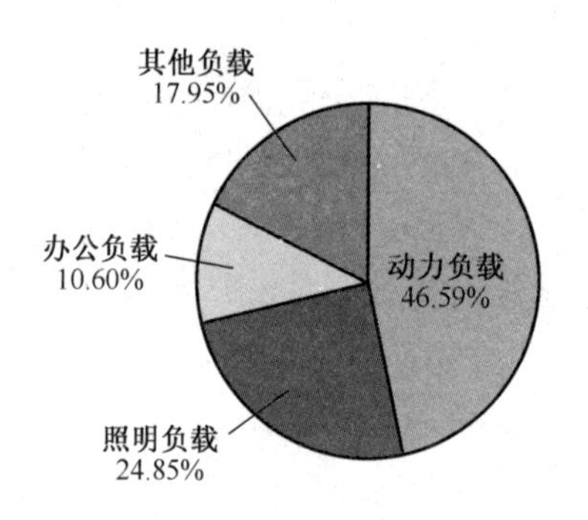

图2-2 各类负载在总负载中的比例分布

（2）典型Ⅱ类地下工程负载情况如表2-2所列。

表2-2 典型Ⅱ类地下工程负载统计表

类别	设备名称	安装容量/kW	设备名称	安装容量/kW
动力负载	90号进、排风机	11	93号空调加热器	3.7
	116号进、排风机	7.5	3号空调加热器	3.7
	112号排风冷风机	5.5	86号空调机组	22
	115号冷风机	11	89号空调机组	22
	35号排风机	3.7	6号空调机组	37
	5号进风机	3.7	口外油泵	3.7
	1号外水泵	55	2号外水泵	55
	117号循环水泵	5.5	63号污水泵	2.2
	117号冷却水泵	5.5	42号污水泵	2.2
	78号污水泵	2.2	107号水泵	11
	86号风机及循环水泵	5.5	89号风机及循环水泵	5.5
	6号风机及循环水泵	11		

（续）

类别	设备名称	安装容量/kW	设备名称	安装容量/kW
照明负载	1 号照明箱	8.8	2 号照明箱	19.8
	3 号照明箱	21.4	4 号照明箱	12.2
	5 号照明箱	28.9	1 号应急照明箱	4.8
	2 号应急照明箱	8.2	3 号应急照明箱	5.8
	4 号应急照明箱	4.5	5 号应急照明箱	3.8
	6 号应急照明箱	4.2		
办公负载	通信设备	70		
其他负载	88 号中央控制室设备	4	43 号开水间设备	9
	87 号消防及防化设备	15	114 号洗消间用电设备	12
	32 号厨房用电设备	12	92 号洗消用电设备	12
总容量	611.5			

其中，动力负载为 295.1kW，约占总负载的 48.26%；照明负载为 122.4kW，约占总负载的 20.02%；办公负载为 100kW，约占总负载的 16.35%；其他负载 94 kW，约占总负载的 15.37%。各类负载在总负载中的比例分布如图 2-3 所示。

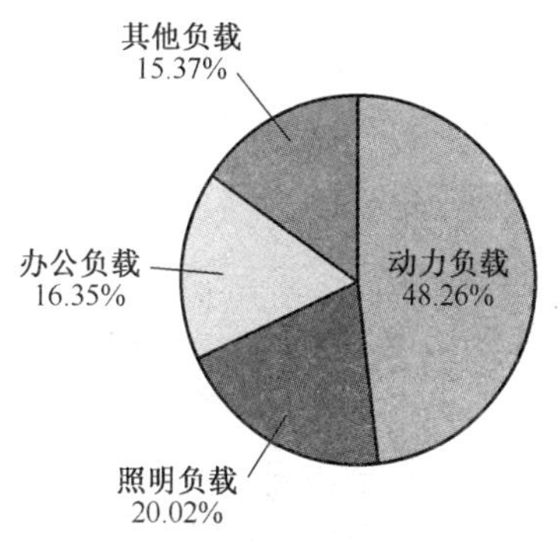

图 2-3　各类负载在总负载中的比例分布

（3）典型Ⅲ类地下工程负载情况如表 2-3 所列。

表 2-3　典型Ⅲ类地下工程负载统计表

类别	设备名称	安装容量/kW	设备名称	安装容量/kW
动力负载	一口进风电动阀	1.5	一口进风机	1.5
	一口送风机	3.7	空调	90
	二口排风机	1.5	二口排风电动阀	1.5
	电站进风机	5.5	电站排风机	5.5
	电站进风电动阀	1.5	口部移动除湿机	3
	生活水泵	0.75	空调循环水泵	1.5
	外水源水泵	15	电站水泵	2.2
	冷冻循环水泵	5.5		
照明负载	一口照明	20	二口照明	15
	电站照明	5	应急照明	5
办公负载	通信设备	140	应急发信机	40
其他负载	洗消电热	4	电开水	3
	电热维护	10	化验室设备	3
总容量	385.45			

其中,动力负载为 140.15kW,约占系统总负载的 35.98%;照明负载为 45kW,约占系统总负载的 11.55%;通信及指挥自动化负载为 180kW,约占总负载的 46.21%;其他负载为 24.4kW,约占总负载的 6.26%。各类负载在总负载中的比例分布如图 2-4 所示。

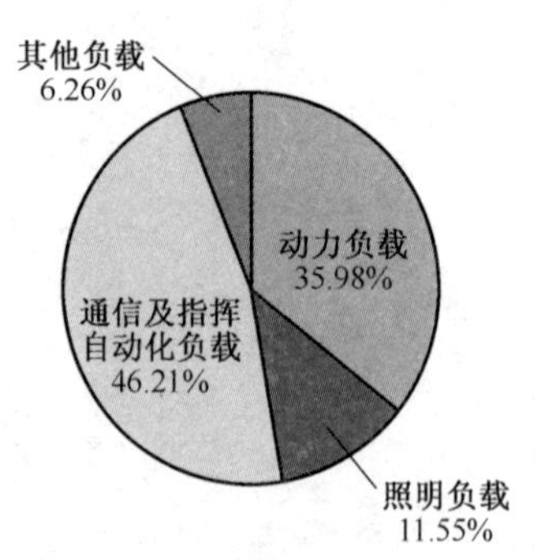

图 2-4　各类负载在总负载中的比例分布

2.2.2 负载分析

在长期的维护管理中，实际运行的设备主要是防潮除湿设备，以及满足管护人员进行操作的照明装置。显然，通风除湿等动力设备的电耗是平时地下工程维护管理的主要支出。

可知，动力系统负载是地下工程负载的主要部分。为了达到节电目的，通常对动力系统负载进行变频控制，而变频装置通常由电力电子器件构成，这些电力电子设备对电能进行变换的同时将部分基波能量转化为谐波能量输入电网中，引起供电系统电能质量下降。此外，通信负载所占的比例最大，随着现代通信装备的发展，大量电力电子环节应用于设备中以提高设备的性能，导致这些设备对电能质量要求较高，但是这些设备也会产生谐波功率输入电网中，因此，造成谐波问题越来越严重。

2.3 地下工程供电系统谐波的来源

2.3.1 动力系统变频控制产生谐波

地下工程动力系统是通风系统和给排水系统的统称，是地下工程电力负载的重要组成部分。

1. 通风系统

通风系统由进风系统和排风系统组成。

2. 给排水系统

给排水系统分为给水、排水、消防三部分，用电设备主要是水泵。

为了保证工程内部的正常运转，风机、水泵等在设计时都留有一定的裕量。不采用变频器控制的风机、水泵无法通过控制转速来调节风量、水量，电机一直在工频电压下运行，除了个别时候需要满负载运行外，其他大部分时间电机多余的力矩增加了有功功率的消耗，必然造成“大马拉小车”的现象。

根据流体动力学理论，由下式可以看出，流量与转速成正比，转矩与转速平方成正比，输入功率与转速的三次方成正比：

$$Q_1/Q_2 = n_1/n_2 \tag{2-1}$$

$$M_1/M_2 = (n_1/n_2)^2 \tag{2-2}$$

$$P_1/P_2 = (n_1/n_2)^3 \tag{2-3}$$

式中：Q 为流量；M 为负载转矩；P 为轴功率；n_1、n_2为转速。

表 2-4 所列为风机、水泵在理想情况下节电的流体力学规律，从表中可以看出，当流量从 100%下降到 30% 时，功率消耗将从 100% 下降到 2.7%，可以节省 97.3% 的电功率，可见对长期处于低负载率运行状态的风机和水泵进行变速控制，节能效果非常显著。

表 2-4　风机、水泵在理想情况下节电的流体力学规律表

频率/Hz	转速/%	流量/%	压力/%	扬程/%	功率/%	节电率/%
50	100	100	100	100	100	0
45	90	90	81	81	72.9	27.1
40	80	80	64	64	51.2	48.8
35	70	70	49	49	34.3	65.7
30	60	60	36	36	21.6	78.4
25	50	50	25	25	12.5	87.5
20	40	40	16	16	6.4	93.6
15	30	30	9	9	2.7	97.3

风机和水泵可以通过调节转速实现节能，异步电机的转速表达式为

$$n = \frac{60f}{p}(1 - s) \tag{2-4}$$

式中：n 为电机转速(r/min)；f 为电源频率(Hz)；p 为电机的磁极对数；s 为转差率。

由式(2-4)可以看出，电机的转速与电源频率、磁极对数和转差率有关，其中通过改变电源频率实现控制电机转速的方法最好，它具有调速范围大、精度高，静态特性和动态特性优良等特点，目前已成为工业现场对风机和水泵控制与节能的最有效方法之一。

虽然变频器在节能运行中具有无可比拟的优越性，但是目前使用的变频器主电路一般由整流、逆变和滤波三部分组成。由于整流部分

采用二极管不可控桥式整流电路,中间直流采用大电容滤波,因此整流器的输入电流实际上是电容的充电电流,是一种非正弦电流,谐波含量十分丰富。谐波对供电系统、负载电机及其他邻近电气设备均会产生干扰,并带来较大的附加谐波损耗。

2.3.2 照明负载产生谐波

地下工程中内部含有大量的荧光灯、LED 灯等照明负载,这种非线性照明负载普遍含有电子镇流器等非线性元件,在工作的过程中会产生大量的高次谐波,特别是以 3 次谐波为主的零序谐波比较大。大量的零序谐波在零线叠加会造成零线电流过大,零线异常发热,带来火灾隐患。

2.3.3 通信设备产生谐波

通信设备包含大量的电力电子元件,这些元件根据通信设备电源的需求,对电网电压进行斩波或变换,造成电网电压和电流波形畸变,产生谐波注入电网中,也是电网中谐波主要来源之一。

2.4 谐波对地下工程供电系统的影响

由于谐波不经治理是无法自然消除的,因此大量谐波电压电流在电网中游荡并积累叠加导致线路损耗增加、电力设备过热,从而加大了电力运行成本。

2.4.1 谐波对供电线路的影响

由于输电线路阻抗的频率特性,线路电阻随着频率的升高而增加。在集肤效应的作用下,谐波电流使输电线路的附加损耗增加。在供应电网的损耗中,变压器和输电线路的损耗占了大部分,所以谐波使电网网损增大。谐波还使三相供电系统中的中性线的电流增大,导致中性线过载。输电线路存在着分布的线路电感和对地电容,它们与产生谐波的设备组成串联回路或并联回路时,在一定的参数配合条件下,会发生串联谐振或并联谐振。一般情况下,并联谐波谐振所产生的谐波过电压和过电流对相关设备的危害性较大。当注入电网的谐波的频率位于在网络谐振点附近的谐振区内时,会激励电感、电容产生部分谐振,形成谐波放大。在这种情况下,谐波电压升高、谐波电流增大将会引起继电保护装置出现误动,以至损坏设备,与此同时还可产生相当大的谐波网损。对于电力电缆线路,由于电缆的对地电容为架空线路的10~20倍,而感抗为架空线路的1/3~1/2,因此更容易激励出较大的谐波谐振和谐波放大,造成绝缘击穿的事故。

2.4.2 谐波对电力变压器的影响

由于谐波电压的存在,正弦波的畸变程度加大,导致变压器的磁滞及涡流损耗增加,同时,使绝缘材料承受的电应力增大。由于谐波电流的存在,使变压器的铜耗增加,因此变压器在严重的谐波负载下将产生局部过热,噪声增大,从而加速绝缘老化,大大缩短了变压器的使用寿命,降低供电可靠性,极有可能在工作过程中造成断电的严重后果。

2.4.3 谐波对电机的影响

谐波对旋转电机的危害主要是产生附加的损耗和转矩。由于集肤效应、磁滞、涡流等随着频率的增高而使在旋转电机的铁芯和绕组中产生的附加损耗增加。在供电系统中,用户的电机负载约占整个负载的85%。因此,谐波使电力用户电机总的附加损耗增加的影响最为显著。由于电机的出力一般不能按发热情况进行调整,由谐波引起电机的发热效应是按它能承受的谐波电压折算成等值的基波负序电压来考虑的。试验表明,在额定出力下持续承受为3%额定电压的负序电压时,电机的绝缘寿命要减少1/2。因此,国际上一般建议在持续工作的条件下,电机承受的负序电压不宜超过额定电压的2%。谐波电流产生的谐波转矩对电机的平均转矩的影响不大,但谐波会产生显著的脉冲转矩,可能出现电机转轴扭曲振动的问题。这种振荡力矩使汽轮发电机的转子元件发生扭振,并使汽轮机叶片产生疲劳循环。

2.4.4 谐波对继电保护和自动装置的影响

谐波对电力系统中以负序(基波)量为基础的继电保护和自动装

置的影响十分严重,这是由于这些按负序(基波)量整定的保护装置,整定值小、灵敏度高。如果在负序基础上再叠加上谐波的干扰(如电气化铁路、电弧炉等谐波源还是负序源)则会引起发电机负序电流保护误动(若误动引起跳闸,则后果严重)、变电站的过电流保护装置误动,母线差动保护的负序电压闭锁元件误动以及线路各种型号的距离保护、高频保护、故障录波器、自动准同期装置等发生误动,严重威胁电力系统的安全运行。特别是对电磁式继电器来说,电力谐波常会引起继电保护以及自动装置的误动作或拒动,造成整个保护系统的可靠性降低,容易引起系统故障或使系统故障扩大。

2.4.5 谐波带来的电磁干扰

电力线路上流过的3、5、7、11等幅值较大的奇次低频谐波电流通过磁场耦合,在邻近电力线的通信线路中产生干扰电压,干扰通信系统的工作,影响通信线路通话的清晰度;电力谐波会使电视机、计算机的显示亮度发生波动,图像或图形发生畸变,甚至会使机器内部元件损坏,导致机器无法使用或系统无法运行。特别是在地下工程中,信息化程度逐渐提高,谐波带来的电磁干扰越来越严重。

此外,作为通信设备重要辅助设备的不间断电源,在整流充电过程中所产生的谐波一方面会影响到计算机网络,造成网络停机出错;另一方面,这些谐波反过来又使UPS蓄电池的极板加速氧化,缩短蓄电池的使用寿命,从而造成很大的损失。

第 3 章　整流型负载谐波特性仿真研究

为了研究地下工程供电系统负载工作特性，分析在滤波电容变化、负载功率不同、非线性负载功率比例不等条件下单台整流器负载谐波发射规律，并与公用电网条件下整流器负载的谐波特性作对比。

3.1　整流型负载谐波产生的机理

假设发电机 G 的内电动势为完全正弦波形，输出的功率只有基波功率，经过阻抗为 R_s+jX_s 的线路向纯电阻负载 R_1 和变流器供电，发电机向负载与其他用户的公共连接点 PCC 供给大小为 P_{g1} 的有功功率，一部分功率 P_{l1} 供给负载，一部分功率 P_{c1} 供给变流器且转变为频率不同的功率，即谐波功率。功率流向如图 3-1 所示。在谐波潮流图中，交流线路和发电机分别用它们的谐波阻抗 $R_{sh}+jX_{sh}$ 和 $R_{gh}+jX_{gh}$ 表示，静止变流器表示为谐波电流源，一部分基波功率 P_{c1} 转变为谐波功率，分散在线路阻抗 P_{sh} 和发电机阻抗 P_{gh} 中，其余部分功率 P_{lh} 被负载消耗。

任何复杂电力系统都可以简单等效为电源、线路、线性负载和非线性负载，供电系统等值电路如图 3-2 所示。电源为工频正弦电压源，Z_s、Z_l、Z_L 分别为电源内阻抗、线路等值阻抗和线性负载等值阻抗，Z_{NL} 为非线性负载等值阻抗。

由于电路中含有非线性元件，母线电流 $i(t)$、线性支路电流 $i_L(t)$、非线性支路电流 $i_{NL}(t)$、非线性支路电压 $u_{NL}(t)$ 的波形都是畸变的正弦波，对其进行傅里叶分解，可以得到基波含量和谐波含量：

$$f(t)=f_1(t)+\sum_{h=2}^{n}f_h(t) \tag{3-1}$$

式中，$f(t)$ 代表了 $i(t)$、$i_L(t)$、$i_{NL}(t)$、$u_{NL}(t)$。

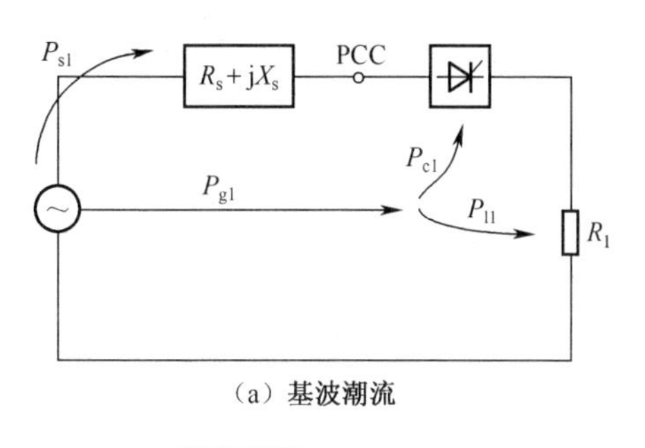

(a) 基波潮流

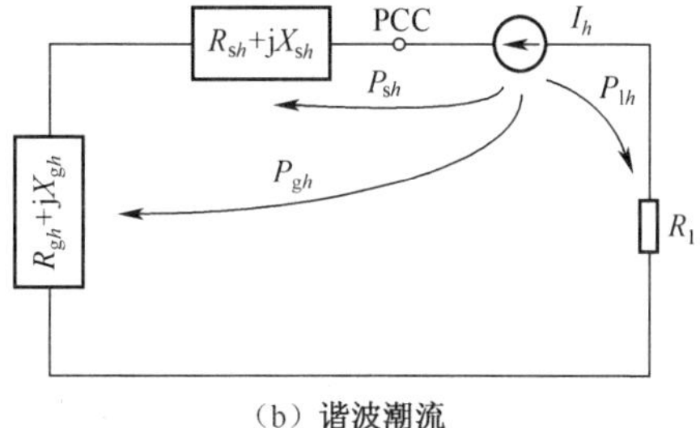

(b) 谐波潮流

图 3-1　基波和谐波潮流示意图

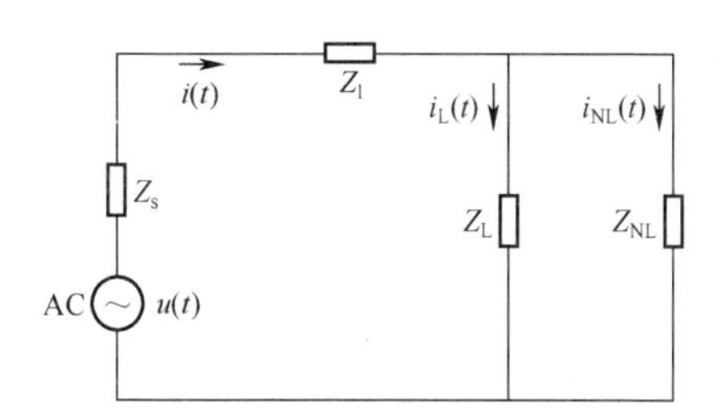

图 3-2　含线性和非线性负载的等值电路图

根据正交性原理,可知电源发出功率为

$$P_{s} = \frac{1}{T}\int_{0}^{T} u(t) \cdot i(t)\,dt = \frac{1}{T}\int_{0}^{T} u(t) \cdot i_{1}(t)\,dt \tag{3-2}$$

电源内阻抗及线路吸收功率,即损耗功率为

$$P_{loss} = \frac{1}{T}\int_{0}^{T}(R_{s} + R_{l}) \cdot i^{2}(t)\,dt = P_{loss1} + P_{lossh} \tag{3-3}$$

其中,损耗功率包含电源内阻抗和线路吸收的基波功率和谐波功率,分别定义为

$$P_{\text{loss1}} = \frac{1}{T}\int_0^T (R_s + R_1) \cdot i_1{}^2(t)\,\mathrm{d}t > 0 \tag{3-4}$$

$$P_{\text{loss}h} = \frac{1}{T}\int_0^T (R_s + R_1) \cdot i_h{}^2(t)\,\mathrm{d}t > 0 \tag{3-5}$$

同理,线性负载吸收的功率也包含基波功率和谐波功率,分别定义为

$$P_{\text{L1}} = \frac{1}{T}\int_0^T R_{\text{L}} \cdot i_{\text{L1}}^2(t)\,\mathrm{d}t > 0 \tag{3-6}$$

$$P_{\text{L}h} = \frac{1}{T}\int_0^T R_{\text{L}} \cdot i_{\text{L}h}{}^2(t)\,\mathrm{d}t > 0 \tag{3-7}$$

非线性负载吸收的功率为

$$P_{\text{NL}} = \frac{1}{T}\int_0^T u_{\text{NL}}(t) \cdot i_{\text{NL}}(t)\,\mathrm{d}t = P_{\text{NL1}} + \sum_{h=2}^{n} P_{\text{NL}h} \tag{3-8}$$

根据功率平衡原理,电源发出的基波功率应等于损耗的基波功率与线性负载吸收的基波功率和非线性负载吸收的基波功率。从整体电路看,非线性负载吸收的谐波功率与损耗谐波功率和线性负载吸收的谐波功率之和为零,即

$$P_{\text{s1}} = P_{\text{loss1}} + P_{\text{L1}} + P_{\text{NL1}} \tag{3-9}$$

$$P_{\text{loss}h} + P_{\text{Lh}} + P_{\text{NL}h} = 0 \tag{3-10}$$

由谐波功率平衡公式,可得

$$P_{\text{NL}h} = -(P_{\text{loss}h} + P_{\text{L}h}) < 0 \tag{3-11}$$

即非线性负载吸收的谐波功率为负值,非线性负载向供电系统发出谐波功率,这部分功率是非线性负载从供电系统中吸收的基波功率的一部分转化而来的。

3.2 整流型负载模型

3.2.1 时域数学模型

在地下工程供电系统中电源通常为柴油发电机组,其显著特点是电源内阻抗不能忽略,为方便研究非线性负载的谐波特性,忽略线路阻抗,将供电系统等效为一个内阻抗为 Z_s 的电源,一个阻抗为 Z_L 的线性

负载和一个阻抗为 Z_{NL} 的非线性负载,其等效电路如图 3-3 所示。

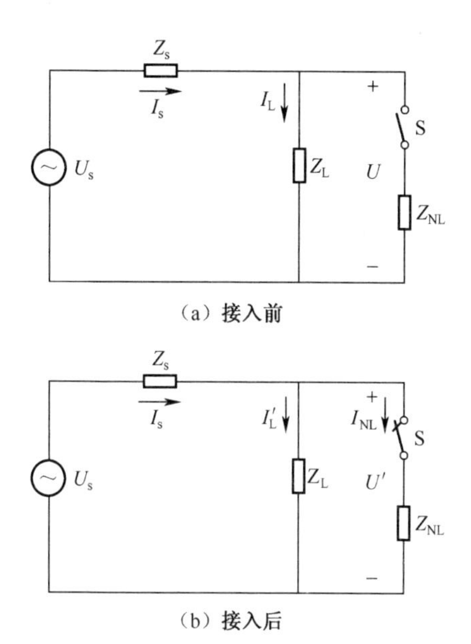

(a) 接入前

(b) 接入后

图 3-3　含有非线性负载的等效电路

非线性负载投入运行前,由电路定理可得

$$I_s = I_L \tag{3-12}$$

$$U = U_s - I_s Z_s = I_L Z_L \tag{3-13}$$

非线性负载投入运行后,由电路定理可得

$$I'_s = I'_L + I_{NL} \tag{3-14}$$

$$U' = U_s - I'_s Z_s = I'_L Z_L = I_{NL} Z_{NL} \tag{3-15}$$

非线性负载投入运行后,母线电流和线性支路电流增加,即

$$I'_s = I_s + I_s \tag{3-16}$$

$$I'_L = I_L + I_L \tag{3-17}$$

将阻抗换为导纳形式,即

$$Y_s = \frac{1}{Z_s}, Y_L = \frac{1}{Z_L} \tag{3-18}$$

由以上各式可推导出

$$I_{NL} = U_s \cdot \frac{Y_s + Y_L + Y_{NL} - Y_L Y_{NL} - Y_{NL}^2}{Y_s + Y_L + Y_{NL}} \tag{3-19}$$

$$I_s = I'_s - I_s = I_{NL} \cdot \frac{Y_s}{Y_s + Y_L} \tag{3-20}$$

$$I_L = I'_L - I_L = I_{NL} \cdot \frac{Y_L}{Y_s + Y_L} \tag{3-21}$$

分析发现：非线性负载投入后引起的电流增量与非线性负载的阻抗 Z_{NL} 没有关系，只与非线性负载投入前的网络结构以及非线性负载 I_{NL} 有关。由此可知，非线性负载接入电网后可以将其等效为一个包含基波和谐波的电流源，与非线性负载本身的阻抗没有关系。

3.2.2 等效电路

在地下工程供电系统中，非线性负载种类较多，如整流器、变频器、节能灯、通信指挥系统、计算机、雷达电源等。非线性负载中最典型的是整流型负载，它含有开关元件，是供电系统中主要的谐波源 。单相整流型负载可等效为带滤波电容的不可控整流电路，如图 3-4 所示。

由电路工作原理，可以求得滤波电容电流为

$$i_C = \sqrt{2}\omega C U_2 \cos(\omega t + \delta) \tag{3-22}$$

式中：U_2 为相电压的有效值。

负载电流为

$$i_R = \frac{U_2}{R} = \frac{\sqrt{2}U_2}{R}\sin(\omega t + \delta) \tag{3-23}$$

所以

$$i_d = i_C + i_R = \sqrt{2}\omega C U_2 \cos(\omega t + \delta) + \frac{\sqrt{2}U_2}{R}\sin(\omega t + \delta) \tag{3-24}$$

三相整流电路等效模型为

三相带滤波电容的不可控整流不可控电路如图 3-5 所示。当二级管导通时，直流侧的电压与交流侧相同。设 VD_6 和 VD_1 同时导通的时刻为零点，二极管在 θ 角处开始导通，则线电压为

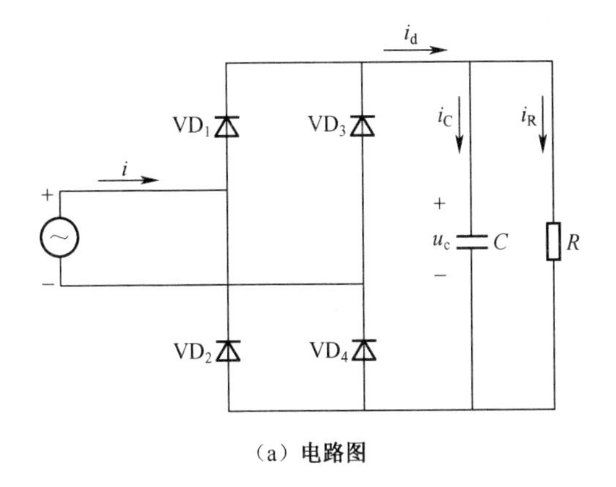

（a）电路图

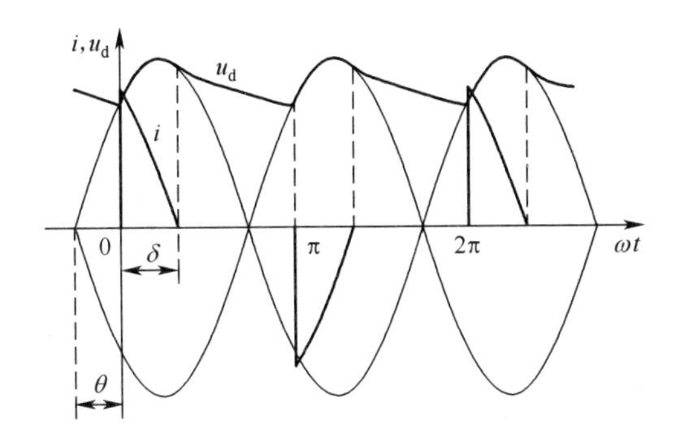

（b）工作原理图

图 3-4　单相带滤波电容的不可控整流电路

$$e_{ab} = E_m \sin(\omega t + \theta) \tag{3-25}$$

相电压为

$$e_a = \frac{1}{\sqrt{3}} E_m \sin\left(\omega t + \theta - \frac{\pi}{6}\right) \tag{3-26}$$

在两组二极管导通过程之间，电流会出现两种情况：一种是充电电流 i_d 断续；另一种是充电电流 i_d 连续，如图 3-5 所示。两组二极管在 $\omega t + \theta = 2\pi/3$ 时，i_d 恰好是连续的。根据“电压下降速度相等”的原则，可以确定电流断续及连续的临界条件：

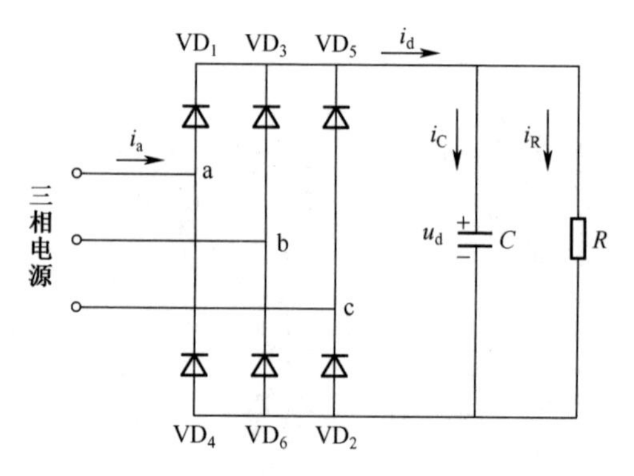

（a）电容滤波型三相桥式整流电路

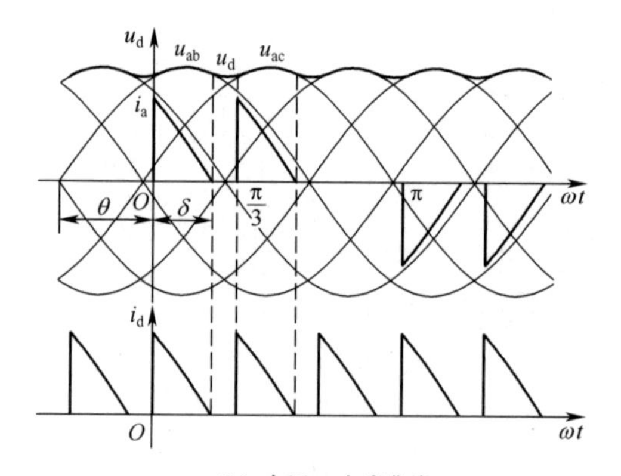

（b）电压—电流曲线

图 3-5　三相带滤波电容的不可控整流电路

$$\left|\frac{d\left[\sqrt{6}U_2\sin(\omega t+\delta)\right]}{d(\omega t)}\right|_{\omega t+\delta=\frac{2\pi}{3}}=\left|\frac{d\left\{\sqrt{6}U_2\sin\frac{2\pi}{3}\mathrm{e}^{-\frac{1}{\omega RC}\left[\omega t-\left(\frac{2\pi}{3}-\delta\right)\right]}\right\}}{d(\omega t)}\right|_{\omega t+\delta=\frac{2\pi}{3}} \tag{3-27}$$

可得

$$\omega RC=\sqrt{3} \tag{3-28}$$

当 $\omega RC>\sqrt{3}$ 时，i_d 是断续的；当 $\omega RC<\sqrt{3}$ 时，i_d 是连续的，如图 3-6 所示。对于交流电机来说，负载 R 通常是变化的，R 的大小反映了负载的轻重。

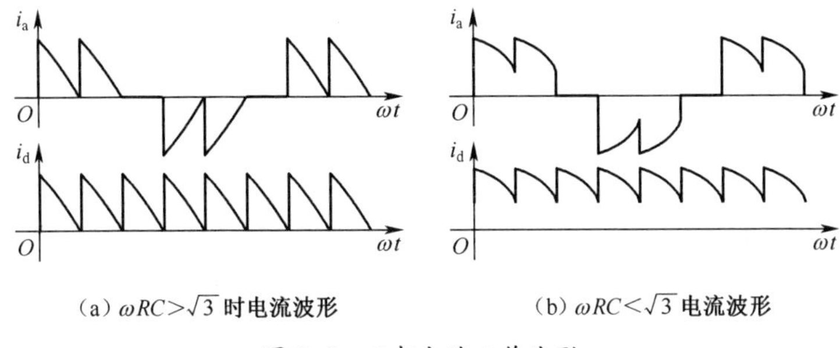

（a）$\omega RC>\sqrt{3}$ 时电流波形　　（b）$\omega RC<\sqrt{3}$ 电流波形

图 3-6　三相电路工作波形

从等效电路图可以得出，影响电流质量的参数有滤波电容的大小、直流负载的大小，此外非线性负载功率比例也会对电流质量产生影响。因此，选取滤波电容、整流型负载功率、整流型负载功率比例作为分析单台整流型负载谐波特性的参数。

3.2.3　仿真工具简介

在独立小容量系统中非线性负载种类多样，为快速研究非线性负载谐波特性，采用计算机仿真方法，它是一种公认的经济有效的辅助分析工具和设计方法。

Matlab 软件是当前工程技术领域常用的仿真软件之一，其电力系统仿真工具箱功能强大，工具箱内部的元件库提供了各种元件的仿真模型，且为电力系统仿真后数据处理提供了功能齐全的分析手段，界面友好。

Simulink 是 Matlab 的一个程序编制系统，具有方便、交互、可视化的优点，尤其应用于非线性动态系统的模拟仿真，可以在图形界面下以方框图的方式建立系统模型并进行仿真，简单方便。

3.3　滤波电容变化时谐波发射规律

在供电系统中，功能相同的整流型负载其电路参数或因不同厂家生产而不同，较为典型的是滤波电容的变化。

假设某一整流设备有功率为 5kW，将其等效为含有滤波电容的

单相整流电路，单相整流器输出的最大直流电压为

$$U_d = \sqrt{2}U_2 \approx 311\text{V} \tag{3-29}$$

取 $U_d = 311\text{V}$，负载功率为5kW，则负载等效电阻为

$$R_L = \frac{U_d^2}{P_L} = \frac{311^2}{5000} \approx 19.3\Omega \tag{3-30}$$

根据公式 $R_L \cdot C \geqslant \frac{3 \sim 5}{2} \cdot T, T = 0.02\text{s}$，则

$$C \geqslant \frac{3 \sim 5}{2} \cdot \frac{T}{R_L} = 1551 \sim 2590\mu\text{F} \tag{3-31}$$

当电容参数变化时，仿真研究非线性负载发射谐波含量变化情况，以Matlab软件为仿真平台，建立仿真模型，如图3-7所示。

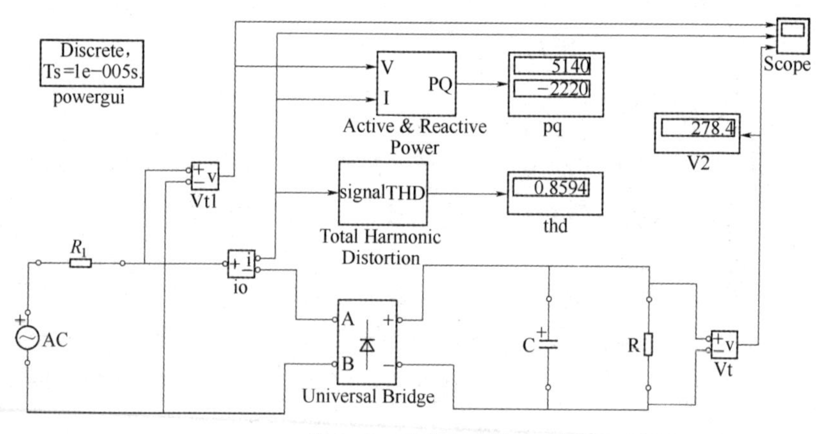

图3-7　仿真电路图

在仿真电路图3-7中，电源电压有效值为220V，整流单元为二极管桥式不控整流，滤波电容为2500μF，电阻为19.3Ω，仿真时间为0.12s，选取“ode23tb(Stiff/TR-BDF2)”解算器，其他参数默认，启动仿真，得到电源电压波形、整流器输出侧电压波形、交流输入侧电流波形、整流后直流电压波形，如图3-8所示。

由图3-8可知，仿真波形符合理论分析，说明搭建的仿真模型正确。当电源内阻为零时即可模拟公用电网带非线性负载运行的情况。

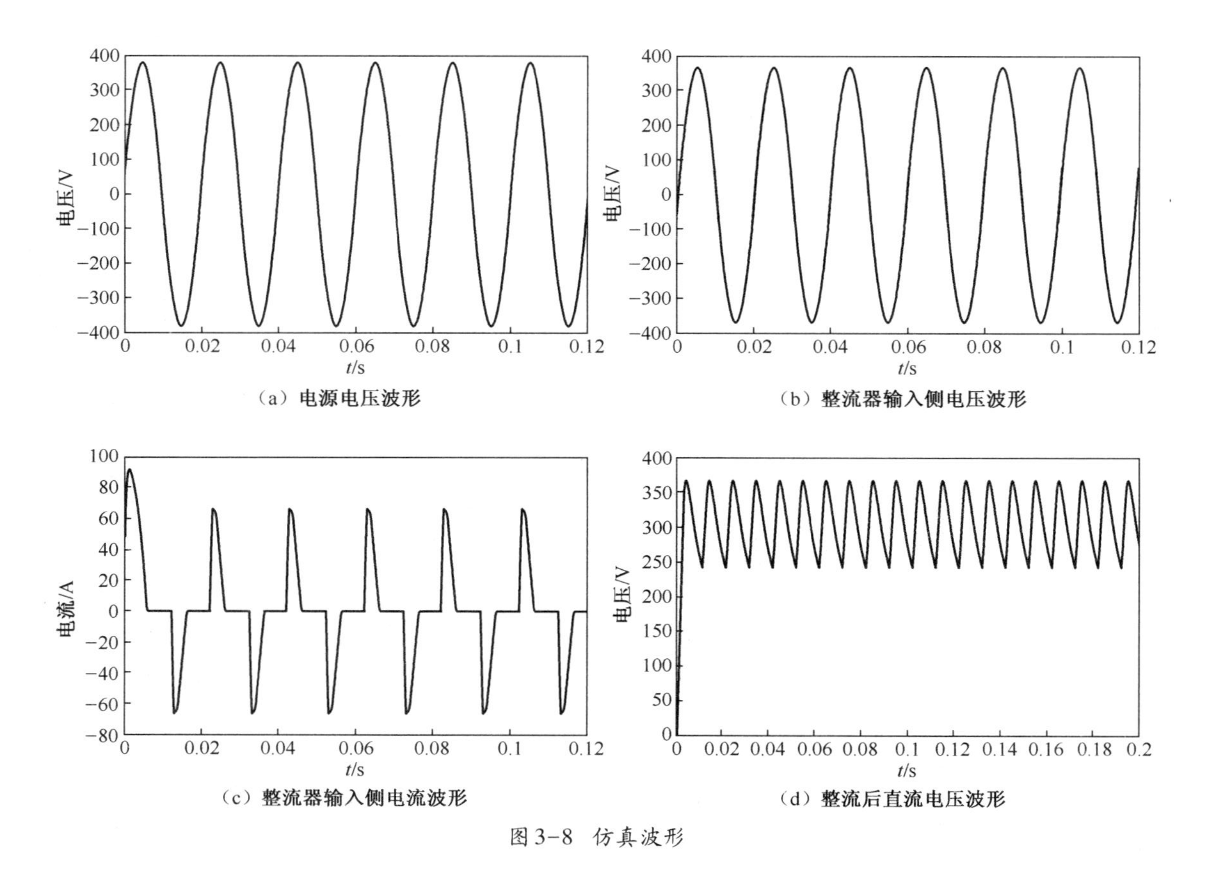

（a）电源电压波形　（b）整流器输入侧电压波形

（c）整流器输入侧电流波形　（d）整流后直流电压波形

图 3-8　仿真波形

评价供电系统中谐波含量时通常采用总谐波畸变率(Total Harmonic Distortion,THD)和单次谐波电流含有率(Harmonic Ratio In,HRI)这两个指标。电压和电流总谐波畸变率定义为

$$\mathrm{THD}_U = \frac{\sqrt{\sum_{i=2}^{\infty} U_n}}{U_1} \times 100\%\ ,\ \mathrm{THD}_I = \frac{\sqrt{\sum_{i=2}^{\infty} I_n}}{I_1} \times 100\% \tag{3-32}$$

单次谐波电压和谐波电流含有率定义为

$$\mathrm{HRU}_n = \frac{U_n}{U_1} \times 100\%\ ,\ \mathrm{HRI}_n = \frac{I_n}{I_1} \times 100\% \tag{3-33}$$

在公用电网中,改变滤波电容的大小,测量电压畸变率 THD_{u0} 和输入侧电流畸变率 THD_{I0};在地下工程供电系统中,电源阻抗设置为 0.2Ω,改变滤波电容的大小,测量电压畸变率 THD_U 和输入侧电流畸变率 THD_I,如表 3-1 所列。

表 3-1 电容变化时电压和电流畸变率

电容 C/μF		500	1000	1500	2000	2500	3000	3500	4000
公用电网	THD_{U0}/%	0.127	0.127	0.127	0.127	0.127	0.127	0.127	0.127
	THD_{I0}/%	79.56	108.8	126.7	139.6	149.7	158	164.9	170.7
地下工程供电系统	THD_U/%	2.83	3.91	4.32	4.49	4.59	4.64	4.67	4.69
	THD_I/%	73.09	90.56	96.25	98.56	99.7	100.3	100.7	101.0

电压和电流畸变率变化曲线如图 3-9 所示。

由仿真结果可知,滤波电容较小时,直流侧电压畸变率较大,滤波电容增大时,在公用电网条件下,电流畸变率随之增大但不会影响电压畸变率。电压畸变率始终保持恒定值,而在小容量军用供电系统中,电流畸变率增加的同时电压畸变率也增大,这是由于柴油发电机组内阻抗较大,不可忽略,且随着滤波的增加,电流畸变率逐渐趋于恒定值。

交流输入侧瞬时功率为输入电压与输入电流的乘积,在电容为 2500μF、3500μF 时,交流输入侧瞬时功率如图 3-10 所示。

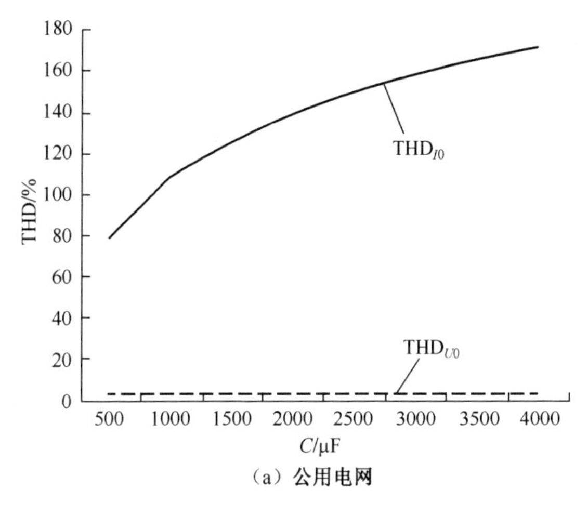

（a）公用电网

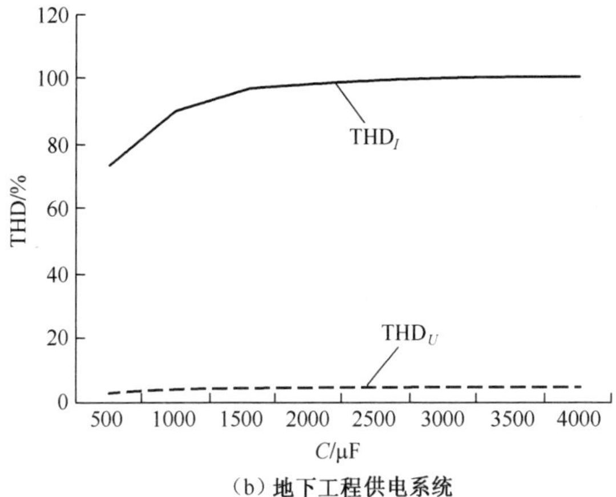

（b）地下工程供电系统

图 3-9　电容变化时电压和电流畸变率变化曲线

由图 3-10 可知，在滤波电容充电时刻，滤波电容较大的整流器交流输入侧瞬时功率较大；在电容充电完毕后，输入侧瞬时功率相等。

对负载电流进行傅里叶分解后可知，谐波次数越高，其幅值越小。由于高次谐波幅值较小。工程中通常考虑到 13 次谐波含量，忽略高次谐波。记录滤波电容增大时，3～13 奇数次谐波电流含有率，如表 3-2 所列。

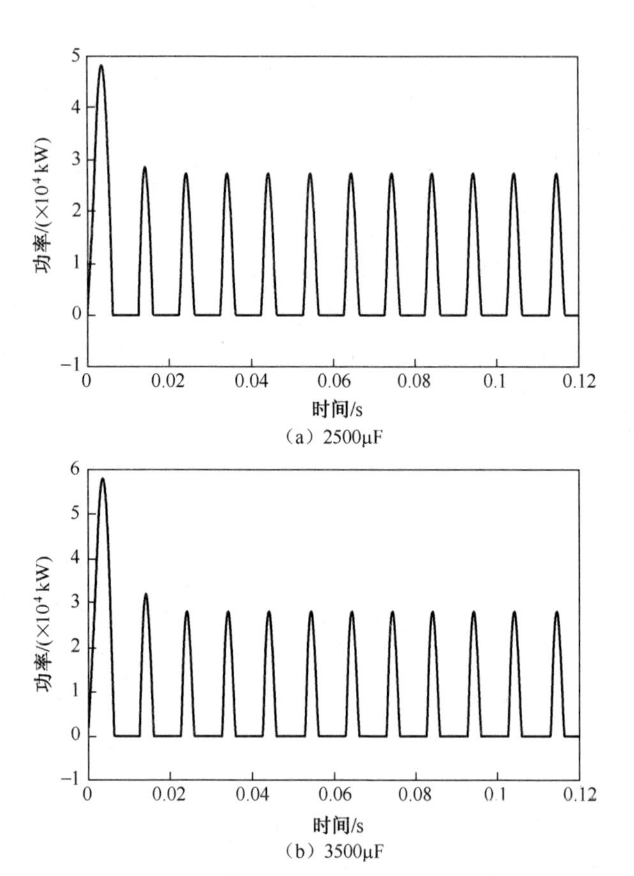

（a）2500μF

（b）3500μF

图 3-10　滤波电容不同时瞬时功率

表 3-2　电容变化时电流含有率

电容 C/μF	500	1000	1500	2000	2500	3000	3500	4000
HRI_3/%	63.68	76.25	79.51	80.71	81.28	81.58	81.77	81.89
HRI_5/%	23.81	41.66	47.81	50.24	51.41	52.05	52.44	52.7
HRI_7/%	17.37	15.67	18.82	20.74	21.78	22.39	22.77	23.02
HRI_9/%	12.98	13.01	9.09	6.8	5.48	4.65	4.1	3.71
HRI_{11}/%	8.45	10.75	10.68	9.92	9.35	8.96	8.69	8.5
HRI_{13}/%	7.95	5.42	6.37	6.98	7.24	7.36	7.42	7.46

将表 3-2 中数据转化为图表形式，如图 3-11 所示。

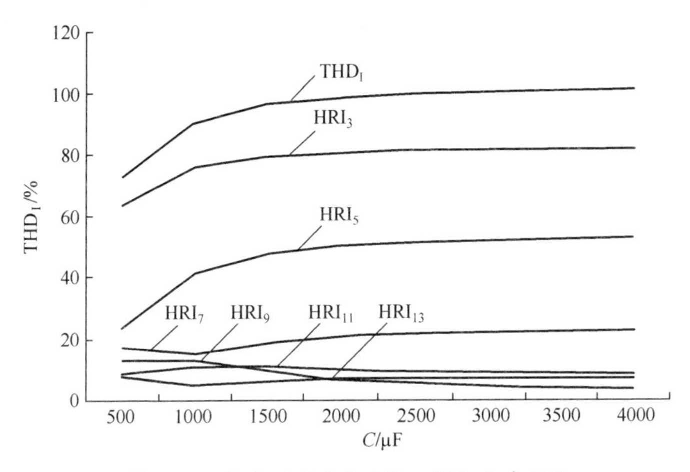

图 3-11　电容不同时交流输入侧电流畸变率

由图 3-11 可知，电容逐渐变大，电流总谐波畸变率 THD_I 相应逐渐增大，且电容值较小时对电流畸变率 THD 影响较大。随着电容的增加，当电容值达到 2500μF 时，电流畸变率 THD 变化较为稳定。

综上所述，滤波电容增加时在公用电网中引起电流畸变率增大，在地下工程供电系统中引起电压和电流的畸变率同时增大，且电流畸变率趋于恒定值；交流输入侧瞬时功率在电容充电完毕后与电容大小无关；各次谐波电流含有率随着滤波电容的增加而变大，在电容值为 2500μF 时，畸变率趋于稳定。因此，选取电容值为 2500μF 时研究非线性负载随功率变化时谐波发射情况。

3.4　整流型负载功率不同时谐波发射规律

在地下工程供电系统中，非线性负载功率随时间可能发生变化，并不一定都是满载运行。在负载以不同的功率工作时，其发射谐波情况也有所不同。

假设非线性负载的功率在 1~8kW 变化，分别进行仿真，记录公用电网和地下工程供电系统电压总谐波畸变率 THD_{U0}、THD_U 和电流总谐

波畸变率 THD_{I0}、THD_I，如表 3-3 和图 3-12 所示。

表 3-3 电压和电流畸变率

功率/kW	1	2	3	4	5	6	7	8
THD_{U0}/%	0.1273	0.1273	0.1273	0.1273	0.1273	0.1273	0.1273	0.1273
THD_{I0}/%	240.3	198.4	176	161	149.7	141	133.7	127.2
THD_U/%	1.5	2.47	3.28	3.97	4.59	5.13	5.64	6.12
THD_I/%	150.9	127.84	115.1	106.39	99.7	94.45	89.97	85.98

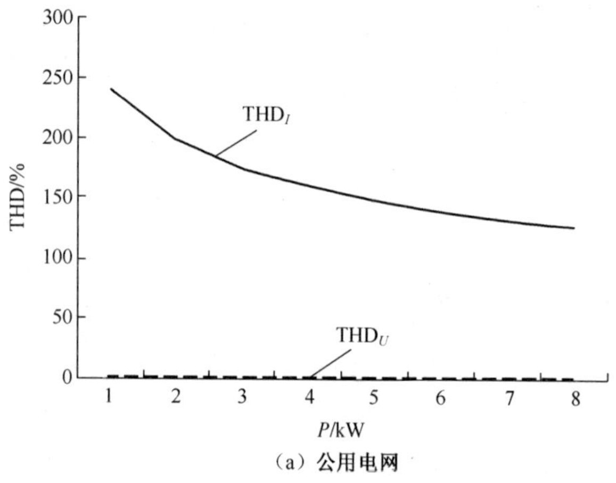

(a) 公用电网

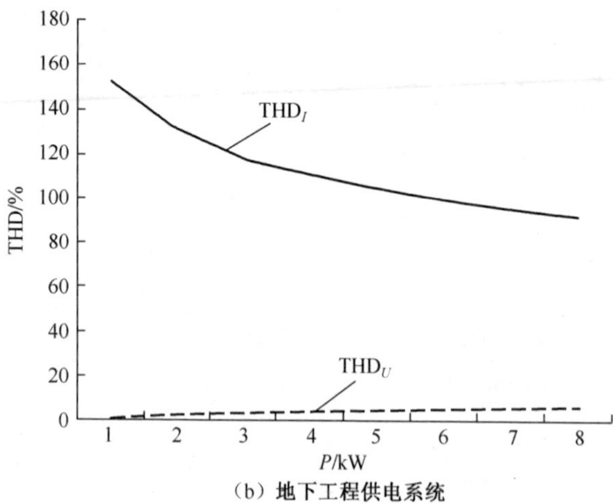

(b) 地下工程供电系统

图 3-12 电流和电压总谐波畸变率

在公用电网中,电网容量可看做无穷大,电源内阻可忽略,非线性负载工作时不会引起电网电压畸变,如图 3-12(a)所示,电压畸变率维持不变,电流畸变率随着负载功率的增加逐渐减小。但是在地下工程供电系统中,电网容量较小,电源内阻抗不可忽略,非线性负载功率的变化对电压畸变率和电流畸变率均有影响,如图 3-12(b)所示,随着负载功率的增加,电压畸变率逐渐增大,电流畸变率逐渐减小,但谐波电流绝对值仍然是增加的。相对于公用电网,地下工程供电系统中非线性负载功率的变化会改变电压波形畸变程度。随着功率的增加,在地下工程供电系统中,3~13 奇数次谐波电流含有率如表 3-4 所列,各次谐波畸变率变化曲线如图 3-13 所示。

表 3-4　各次谐波含有率

功率/kW	1	2	3	4	5	6	7	8
HRI_3/%	93.26	89.48	86.4	83.72	81.28	79.09	77.02	75
HRI_5/%	80.79	70.84	63.2	56.88	51.41	46.73	42.5	38.56
HRI_7/%	64.32	48.14	36.88	28.41	21.78	16.71	12.7	9.65
HRI_9/%	46.1	26.02	14.3	7.6	5.48	6.53	8.03	9.14
HRI_{11}/%	28.44	8.82	5.01	7.9	9.35	9.48	8.84	7.74
HRI_{13}/%	13.42	5.47	9.05	8.92	7.24	5.21	3.38	2.32

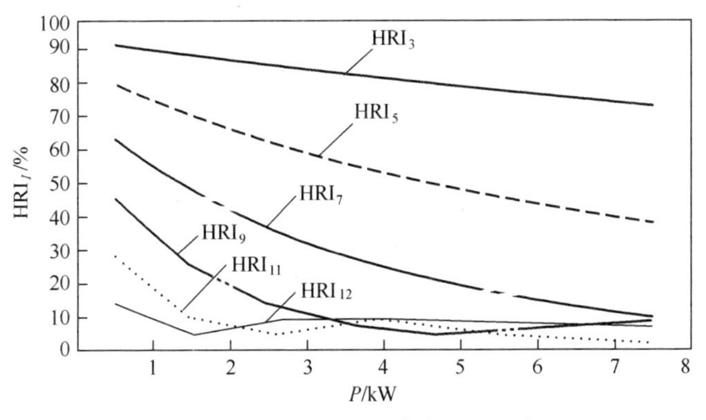

图 3-13　各次谐波含有率变化曲线

可见,单次谐波电流含有率也是随着负载功率的增加而减小,且负载功率较小时各次谐波电流含有率变化较为明显。在非线性负载功率为 4kW 和 8kW 时,记录交流输入侧瞬时功率,如图 3-14 所示。

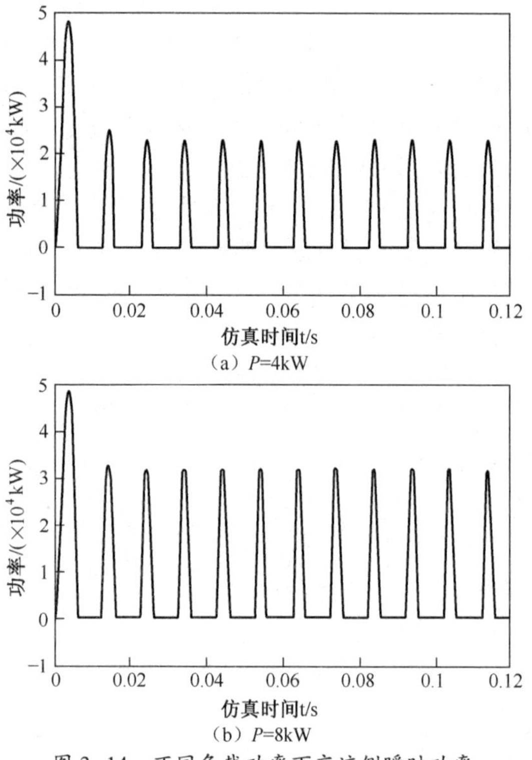

图 3-14 不同负载功率下交流侧瞬时功率

由图 3-14 可知,负载功率的增加引起交流侧瞬时功率峰值的增加,由于滤波电容不变,电容充电时瞬时功率也不变。

综上所述,负载功率增加在公用电网中引起电流畸变率下降,在地下工程供电系统中引起电压畸变率增大,电流畸变率下降,但谐波电流的绝对值增加;各次谐波电流的畸变率随负载功率的增加逐渐下降;随着负载功率的增加瞬时功率峰值增加。

3.5 整流型负载功率比例不等时谐波发射规律

供电系统同时含有非线性负载和线性负载时,两者功率不同时也会影响到电网电压和电流的畸变率，为了方便研究，将电网等效为电源、非线性支路和线性支路的组合，如图 3-15 所示。

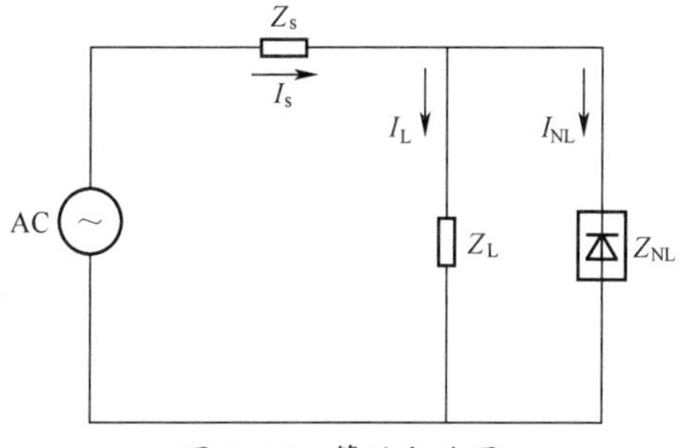

图 3-15　等效电路图

假设比例 k 是非线性负载有功功率之和与线性负载有功功率之和的比值，固定线性负载的功率，改变非线性负载的功率，使比值逐渐递增，记录在公用电网和地下工程系统中电压和电流的畸变率，如表 3-5 所列，相应变化曲线如图 3-16 所示。

表 3-5　电压和电流畸变率

项目	比例 k	0.25	0.5	0.75	1	1.25	1.5	1.75	2
公用电网	THD_{U0}/%	0.127	0.127	0.127	0.127	0.127	0.127	0.127	0.127
	THD_{I0}/%	59.93	72.77	82.86	88.36	91.78	90.78	92.94	93.31
地下工程供电系统	THD_U/%	1.42	1.96	2.62	3.2	3.8	3.614	4.002	4.357
	THD_I/%	36.04	44.42	51.29	55.3	57.98	57.29	58.6	59.4

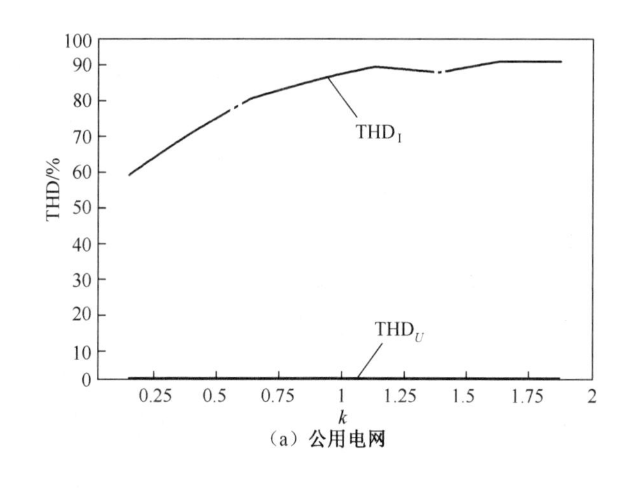

(a) 公用电网

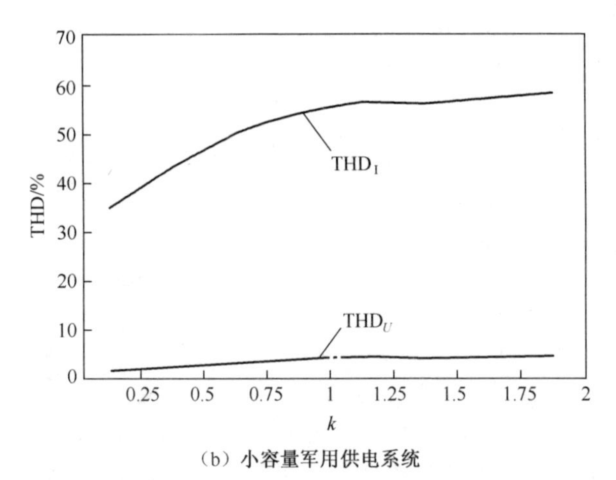

(b) 小容量军用供电系统

图 3-16　电压和电流畸变率变化曲线

由图 3-16 可知,相比于公用电网,地下工程供电系统中负载功率变化时不仅会引起电流波形畸变还会导致电压波形畸变,且随着非线性负载功率比例增加,电压和电流的畸变率变大。

在地下工程供电系统中,3～13 奇数次谐波电流含有率如表 3-6 所列,其变化曲线如图 3-17 所示。

表 3-6　各次谐波含有率

比例	0.25	0.5	0.75	1	1.25	1.5	1.75	2
HRI_3/%	18.63	30.18	36.45	41.28	45.2	44.1	46.25	47.88
HRI_5/%	16.59	24.89	28.43	30.4	31.21	31.08	31.23	31.03
HRI_7/%	13.83	18.21	18.79	17.99	16.15	16.81	15.4	13.95
HRI_9/%	10.66	11.31	9.62	7.22	4.71	5.44	4.07	3.4
HRI_{11}/%	7.42	5.3	2.89	2.34	3.98	3.43	4.52	5.3
HRI_{13}/%	4.43	1.45	2.68	4.27	4.92	4.83	4.9	4.63

由表 3-6 可知,随着非线性负载功率比例增加,基波电流和各次谐波电流变化情况不同,但均有增大的趋势。

由图 3-17 可知,非线性负载功率比例越大,各次谐波电流含有率也越大,且逐渐趋于恒定值。在非线性负载功率比例 k 等于 1 和 2 时,

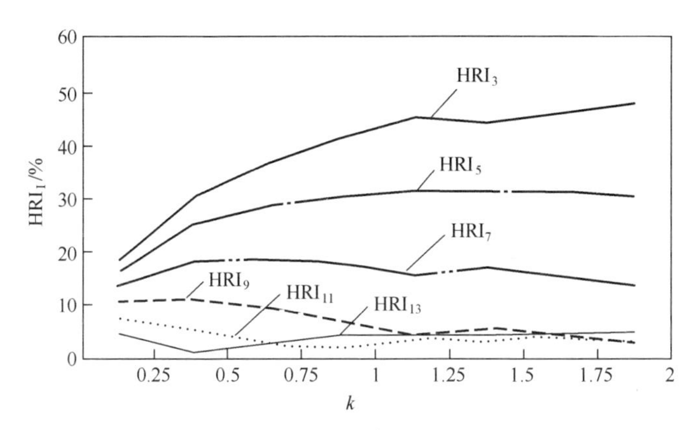

图 3-17　各次谐波畸变率变化曲线

记录交流输入侧瞬时功率，如图 3-18 所示。

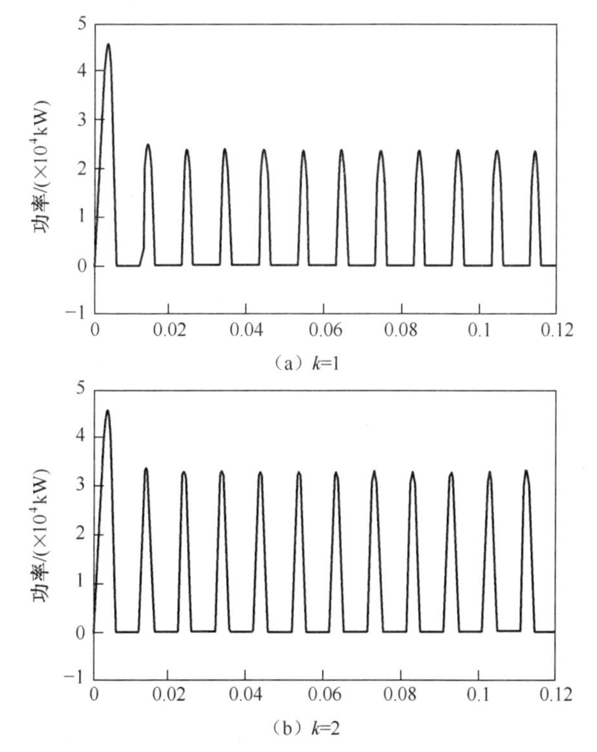

图 3-18　非线性负载功率比例不同时瞬时功率

由图 3-18 可知,随着负载功率的增加,瞬时功率峰值也将增大。

综上所述,非线性负载功率在总负载中比例增大时,在公用电网中引起电流畸变率增加,在地下工程供电系统中引起电压和电流的畸变率均增大;各次谐波电流畸变率随比例的增加而增大,含量有所不同;瞬时功率峰值随负载功率的增加而增大。

第4章　配电干线谐波电流叠加研究

单台非线性负载容量较小,且功能相对单一,而地下工程是一个复杂、智能化、功能多样的系统,包含大量的非线性负载,当地下工程供电系统驱动智能设备工作时,各种非线性负载将同时工作并向供电系统发射谐波,谐波电流将在供电系统母线处汇集。由于各次谐波电流相位的随机性,谐波电流并不是简单的有效值叠加,而是包含相位在内的向量和。

4.1　谐波叠加研究的必要性

随着电力电子技术的发展,大量非线性负载应用于地下工程供电系统中,形成了多谐波源的特点,导致系统中谐波含量增大,影响地下工程供电系统稳定运行。在非线性负载工作过程中,其工作参数、工作方式、开关状态等都是变化的,因而非线性负载发射谐波电流的大小和相位都是变化的,大量现场测试表明,非线性负载所产生的谐波电流随时间的变化呈非平稳的随机过程。地下工程供电系统中多个非线性负载同时工作时,产生的各次谐波电流幅值和相位都是变化的,谐波电流存在相互抵消的可能,这无疑增加了解决多谐波源谐波合成问题的难度。

目前,国内对多谐波源谐波电流合成计算主要采用GB/T14549—1993《电能质量 公用电网谐波》推荐的谐波叠加公式,当两个谐波源同次谐波电流 I_{h1}、I_{h2} 叠加时,若已知两个谐波电流之间的夹角 θ_h,则

$$I_h = \sqrt{I_{h1}{}^2 + I_{h2}{}^2 + 2I_{h1}I_{h2}\cos\theta_h} \tag{4-1}$$

但实际电网中,同次谐波电流相位关系受多种因素影响而具有一

定的随机性，当相位角不确定时：

$$I_h = \sqrt{I_{h1}^{\ 2} + I_{h2}^{\ 2} + k_h I_{h1} I_{h2}} \tag{4-2}$$

式中，系数 k_h 为考虑相角变化的综合系数，取值如表 4-1 所列。

表 4-1　系数 k_h 的取值

h	3	5	7	11	13	偶次及大于 13
k_h	1.62	1.28	0.72	0.18	0.08	0

多台谐波源进行谐波电流叠加时，先将两个同次谐波电流进行叠加，再与第三个同次谐波电流叠加，并以此类推。但是，以这种方式计算出的谐波电流和谐波电压，计算结果将放大供电系统中实际的谐波电流和谐波电压，导致配备的电源容量过大，建设成本增加。

多谐波源谐波电流叠加并不是简单的有效值代数相加，而是包括相位角叠加的向量和，但是由于各次谐波电流相角的不确定性，无法精确计算出多谐波源谐波电流合成值，采用概率统计的方法可近似计算谐波电流合成值，且误差较小。只有降低谐波电流合成值的误差，才能较为精确地统计非线性负载功率，为选择供电电源和导线提供参考。

4.2　两台整流型负载电流叠加

两台整流型负载并联运行时，谐波电流的相位是随机的，存在相互抵消的可能。

4.2.1　相位随机性对谐波电流叠加的影响

在地下工程供电系统中，母线处连接有很多非线性负载，这些非线性负载发出的谐波电流在母线上叠加，虽然单台非线性负载的容量较小，其产生的谐波电流也较小，但是多台负载的谐波电流叠加在母线上将合成不可忽略的谐波电流。以两台谐波源为例，供电系统中含有线性负载等效为阻抗为 Z_L 的线性支路，非线性负载的阻抗分别为 Z_{NL1}、Z_{NL2}，电路结构如图 4-1 所示。

两台非线性负载投入运行前，由电路定理可得

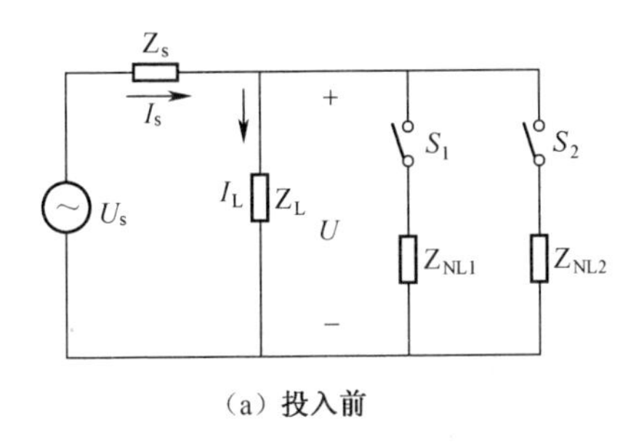

（a）投入前

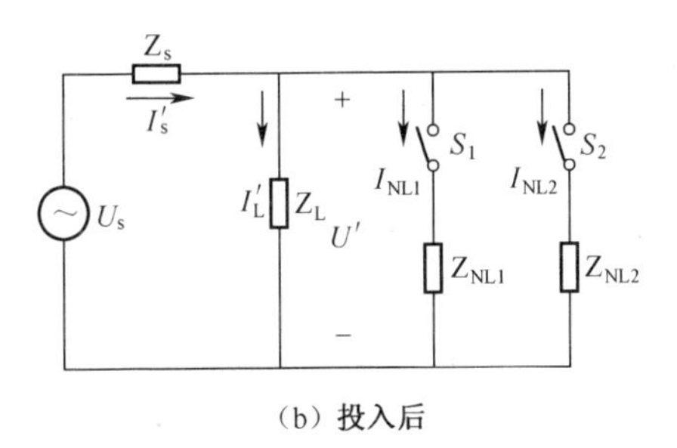

（b）投入后

图 4-1　含有两台非线性负载的电路结构

$$I_s = I_1 \tag{4-3}$$

$$U = U_s - I_s Z_s = I_L Z_L \tag{4-4}$$

非线性负载投入运行后，由电路定理可得

$$I'_s = I'_L + I_{NL1} + I_{NL2} \tag{4-5}$$

$$U' = U_s - I'_s Z_s = I'_L Z_L = I_{NL1} Z_{NL1} = I_{NL2} Z_{NL2} \tag{4-6}$$

为了便于分析，假设谐波源之间相互独立，即每台谐波源独立发出谐波，则可推导出非线性支路总电流为

$$I_{NL1} = \dot{U}_s \cdot \frac{Y_s Y_{NL1}}{Y_s + Y_1 + Y_{NL1} + Y_{NL2}} \tag{4-7}$$

$$I_{NL2} = U_s \cdot \frac{Y_s Y_{NL2}}{Y_s + Y_1 + Y_{NL1} + Y_{NL2}} \tag{4-8}$$

电路中含有多台谐波源导致谐波潮流比较复杂，每台谐波源发出的谐波电流流向不同的支路。若不考虑线性负载，每台非线性负载的谐波电流流向如图 4-2 所示。

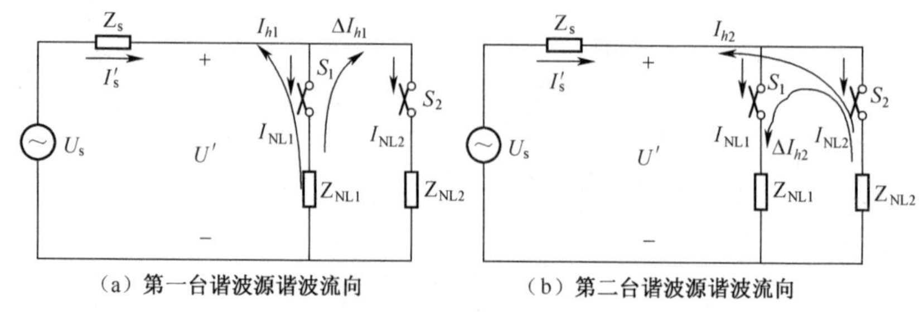

图 4-2 每台非线性负载的谐波电流流向

图 4-2 中,I_{h1} 、I_{h2} 分别表示谐波源发出的流向母线处的谐波分量,ΔI_{h1} 、ΔI_{h2} 分别表示流向另外一条非线性支路的谐波电流分量。各次谐波电流相位不等,互通的谐波电流分量向量合成后为 ΔI_h ,即每台谐波源发出的谐波电流分别为

$$I'_{h1} = I_{h1} + \Delta I_{h1} \tag{4-9}$$

$$I'_{h2} = I_{h2} + \Delta I_{h2} \tag{4-10}$$

母线处谐波总电流为

$$I_h = I_{h1} + I_{h2} + \Delta I_h \tag{4-11}$$

由以上公式可以看出,在分析含有多台谐波源的地下工程供电系统谐波问题时,谐波电流合成值并不是各条支路电流有效值简单的代数相加,否则合成的结果将会偏大,影响供电系统中其他参数设置的精确性。

4.2.2 仿真分析

在 Matlab 软件中建立仿真模型,仿真两台非线性负载谐波电流叠加情况,谐波源采用带滤波电容的单相桥式不控整流电路,仿真电路如图 4-3 所示。

两台谐波源模拟不同负载情况下谐波电流合成情况,启动仿真程序,观测电源侧电压和电流的数值及波形,两条支路的电流数值和波形,如图 4-4 所示。

将仿真得出的电压和电流波形进行傅里叶分析,得出各次谐波电流相对于基波的百分比,如图 4-5 所示。

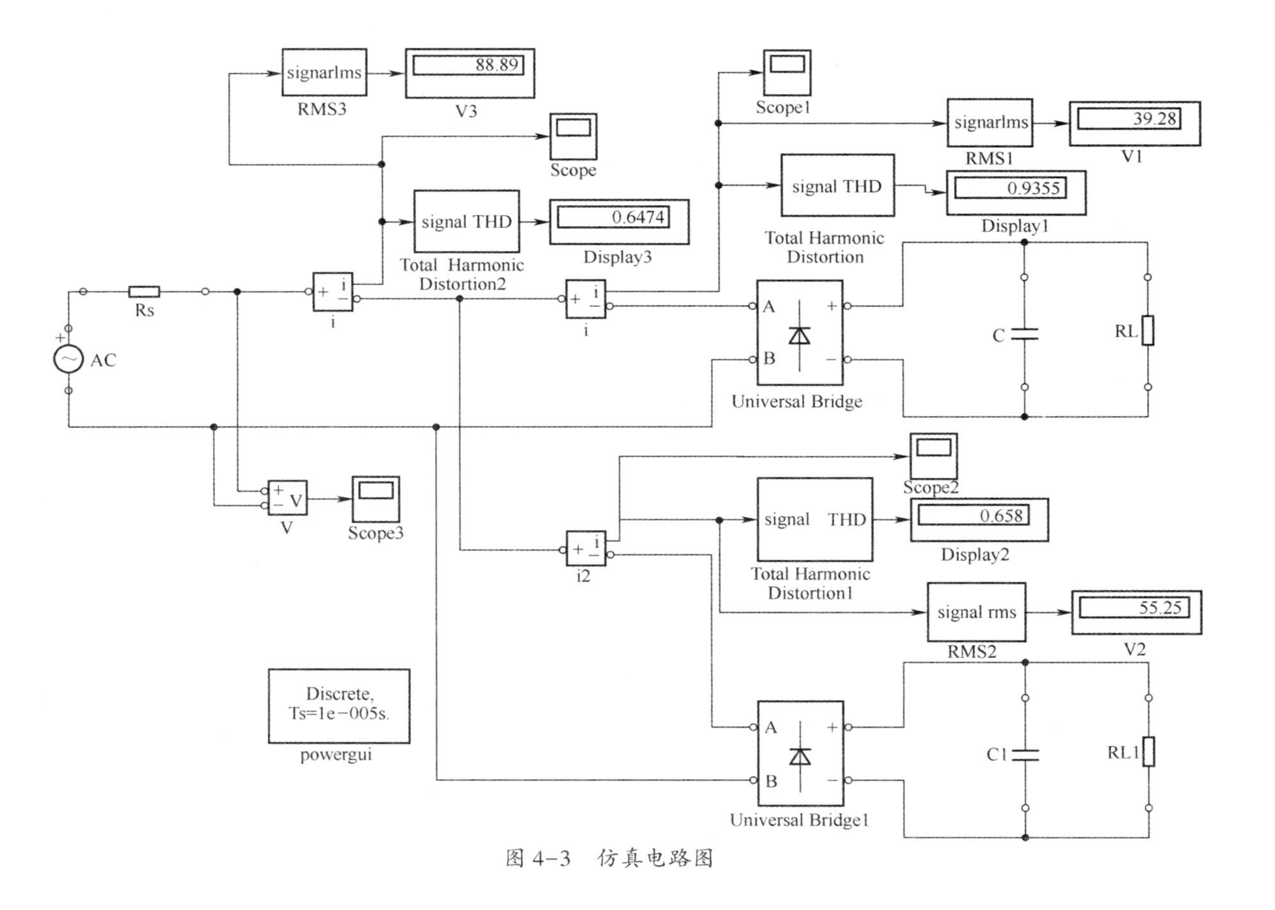
signarlms
RMS3
88.89
V3
Scope
signal THD
Total Harmonic Distortion2
0.6474
Display3
Scope1
signarlms
RMS1
39.28
V1
signal THD
Total Harmonic Distortion
0.9355
Display1
Rs
AC
i
i
A
B
+
−
Universal Bridge
C
RL
V
Scope3
i2
Scope2
signal THD
Total Harmonic Distortion1
0.658
Display2
signal rms
RMS2
55.25
V2
Discrete,
Ts=1e−005s.
powergui
Universal Bridge1
C1
RL1

图 4-3　仿真电路图

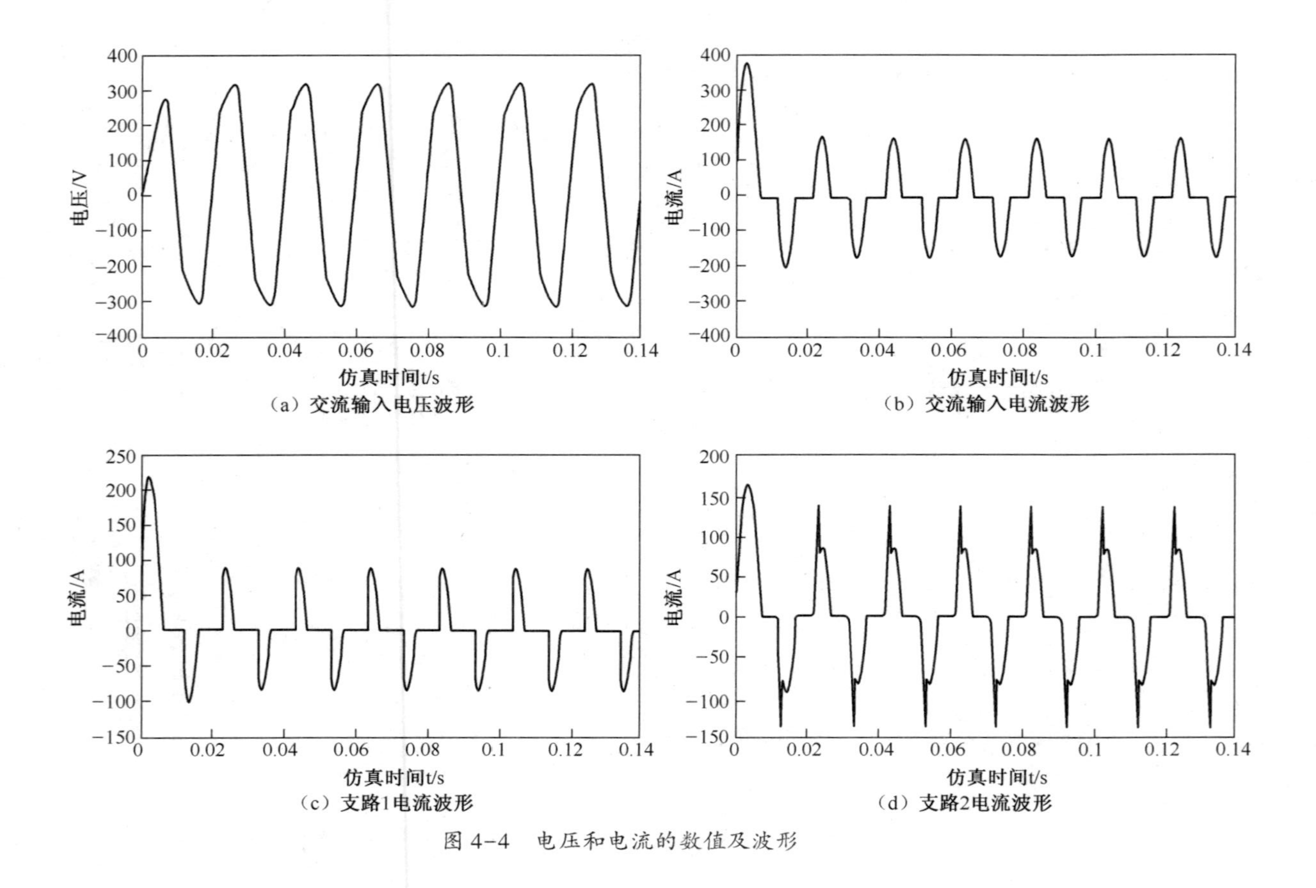

图 4-4　电压和电流的数值及波形

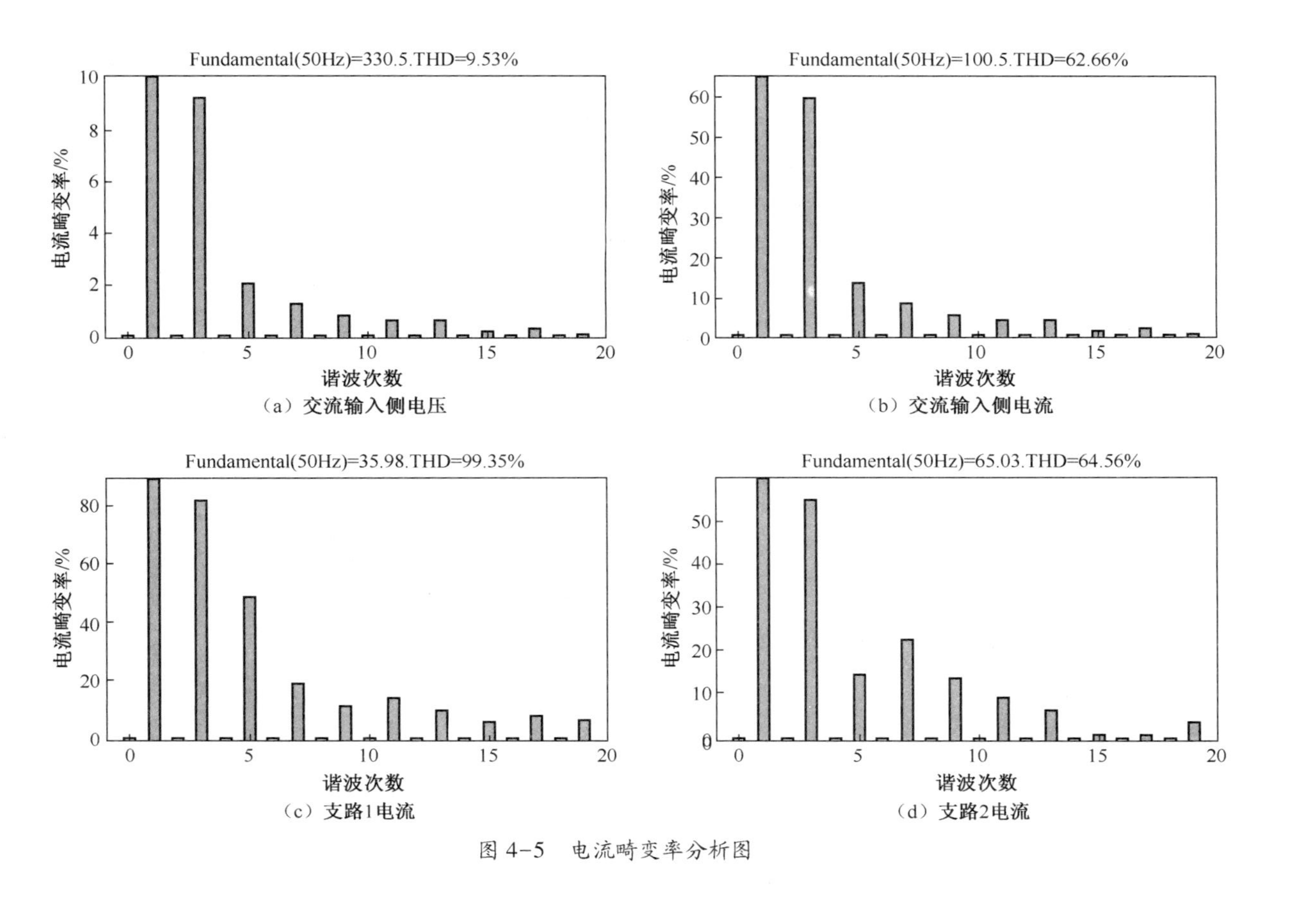

图 4-5　电流畸变率分析图

由图 4-5 可知，两台整流型负载支路电流畸变率分别为 99.35%、64.56%，而合成后电流畸变率为 62.66%，合成后电流畸变率反而减小。支路 1 的总电流有效值为 39.28A，支路 2 的总电流有效值为 55.25A，有效值代数和为 94.53A，而母线处总电流有效值为 88.89A，即谐波电流抵消了 5.64A，占母线总电流有效值的 6.34%。这是由于两台谐波源各次谐波电流相位的随机性，导致合成后各次谐波电流不是简单的叠加，而是两台谐波源各次谐波电流的向量和，存在谐波电流相互抵消的因素，因此合成后各次谐波电流畸变率减小，各次谐波电流如表 4-2 所列。

表 4-2　各次谐波电流

电流	电源侧		谐波源 1		谐波源 2		电流差
	幅值	相位	幅值	相位	幅值	相位	$I_{S1}+I_{S2}-I_1$
I_1/A	100.5	9.407	36	1.946	65.01	13.53	0.51
I_3/A	60.34	−151.5	28.72	−173.3	35.32	−133.9	3.7
I_5/A	13.62	49.87	17.34	15.59	9.789	144	13.51
I_7/A	8.411	66.35	6.883	−137.2	14.97	55.75	13.44
I_9/A	5.199	−77.91	4.234	128.9	9.178	−65.88	8.213
I_{11}/A	4.041	−102	5.186	−11.13	6.622	−153.5	7.767
I_{13}/A	3.913	121.6	3.64	−160.4	4.759	73.14	4.486

由表 4-2 可知，两台谐波源各次谐波电流代数和大于其向量和，这正是由于谐波源各次谐波电流相位的随机性引起的，电流向量和与代数和的偏差如图 4-6 所示，可明显看出 5 次、7 次、9 次谐波电流叠加时偏差较大。

4.2.3　试验验证

在以柴油发电机组为电源的供电系统中，运行两台单相整流器，且功率略有不同。将支路电流和合成后母线电流进行傅里叶分解，得到基波和各次谐波电流，记录于表 4-3 中，支路电流基波和各次谐波电流的向量和与代数和对比如图 4-7 所示。

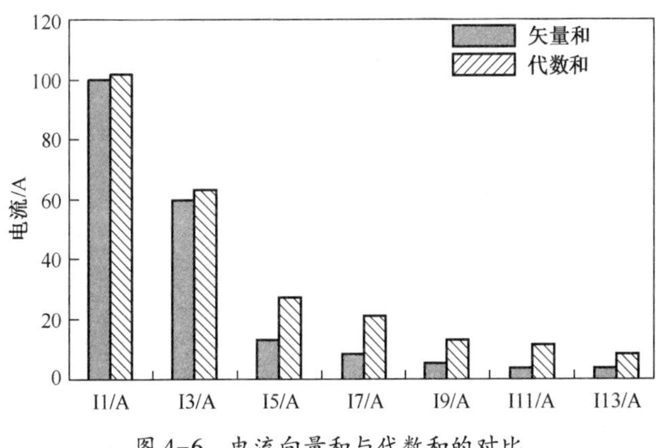

图 4-6 电流向量和与代数和的对比

表 4-3 基波和各次谐波电流值

电流	I_1/A	I_3/A	I_5/A	I_7/A	I_9/A	I_{11}/A	I_{13}/A
第一台	6.8198	5.5002	3.9319	2.8010	1.9966	1.0317	0.4934
第二台	8.7714	6.4457	3.8267	2.3766	1.2586	0.2469	0.9600
数量和	15.5912	11.9459	7.7586	5.1776	3.2552	1.2786	1.4534
向量和	14.9770	11.4780	7.3820	4.7840	2.9180	0.7950	0.7970

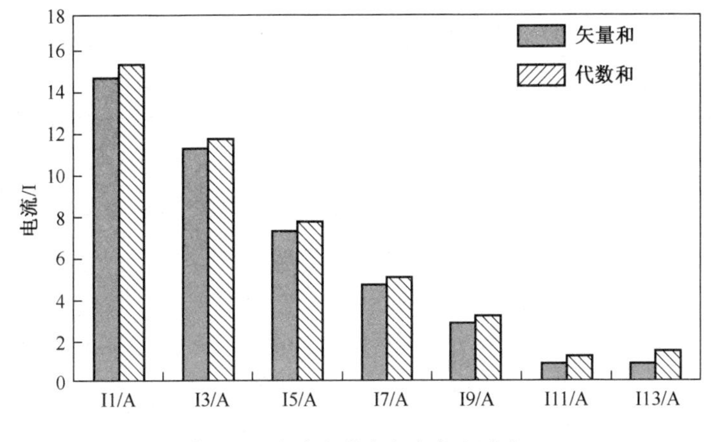

图 4-7 电流向量和与代数和对比

由此可见，支路电流的基波和各次谐波电流的数量和明显大于其向量和，这正是由于各次谐波的相位随机性引起的，与仿真结果一致。

4.3 3台整流型负载谐波电流叠加

在 Matlab 软件中建立 3 台整流型负载并联运行的仿真模型，整流型负载仍等效为带滤波电容的不可控整流电路，在仿真电路中分别测量母线电流、3 条支路电流的波形、有效值、畸变率。

通过分析等效电路模型可知，4 种情况可以影响母线电流和支路电流畸变率：滤波电容相同直流负载功率相同、滤波电容相同直流负载功率不同、滤波电容不同直流负载功率相同、滤波电容不同直流负载功率不同，这 4 种情况分别代表供电系统中不同的整流型负载运行状态，通过 4.2 节随机相位必然性研究可知，多台谐波源不可能以完全相同的状态同时工作，即供电系统中每台整流型负载产生的基波电流和谐波电流大小和相位应完全一致的现象不可能出现，因此可不考虑滤波电容相同直流负载功率相同的情况。

4.3.1 滤波电容相同直流负载功率不同

滤波电容相同直流负载功率不同代表单台整流型负载以不同的功率工作，如共用一套电源装置的多台设备同时工作但发射功率不同。此时，由于基波和各次谐波电流相角随机性变化，合成后的电流不再是各支路电流的代数和。

设置仿真电路中直流负载不同的功率，启动仿真程序，得到电源电压波形及其各次谐波相对于基波含量，如图 4-8 所示。电流畸变率和各次谐波电流的波形，如图 4-9 所示。

仿真结果表明，在含有非线性负载的地下工程供电系统中，电压畸变严重，其电压畸变率达到 9.53%，电流波形同样畸变严重，其畸变率和各次谐波电流如表 4-4 所列。

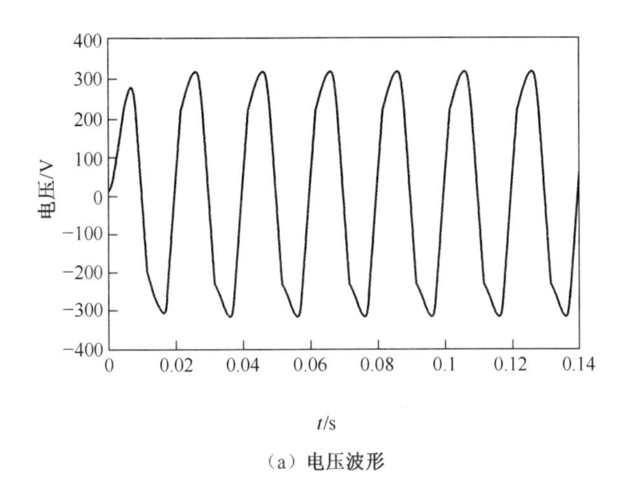

（a）电压波形

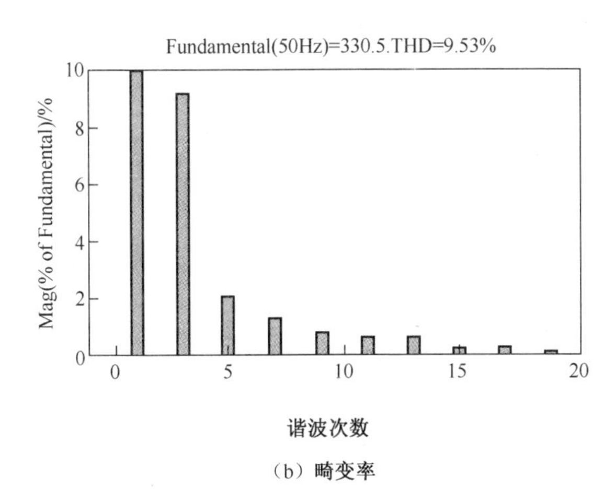

（b）畸变率

图 4-8 电源电压波形及其畸变率

结果表明，合成后母线电流增大，畸变率减小，各次谐波电流的向量和小于代数和，且 7 次谐波相差较大，表明相位的随机性对谐波电流的合成影响较大，即以各次谐波功率代数和计算的谐波功率与实际供电系统中谐波功率偏差较大。

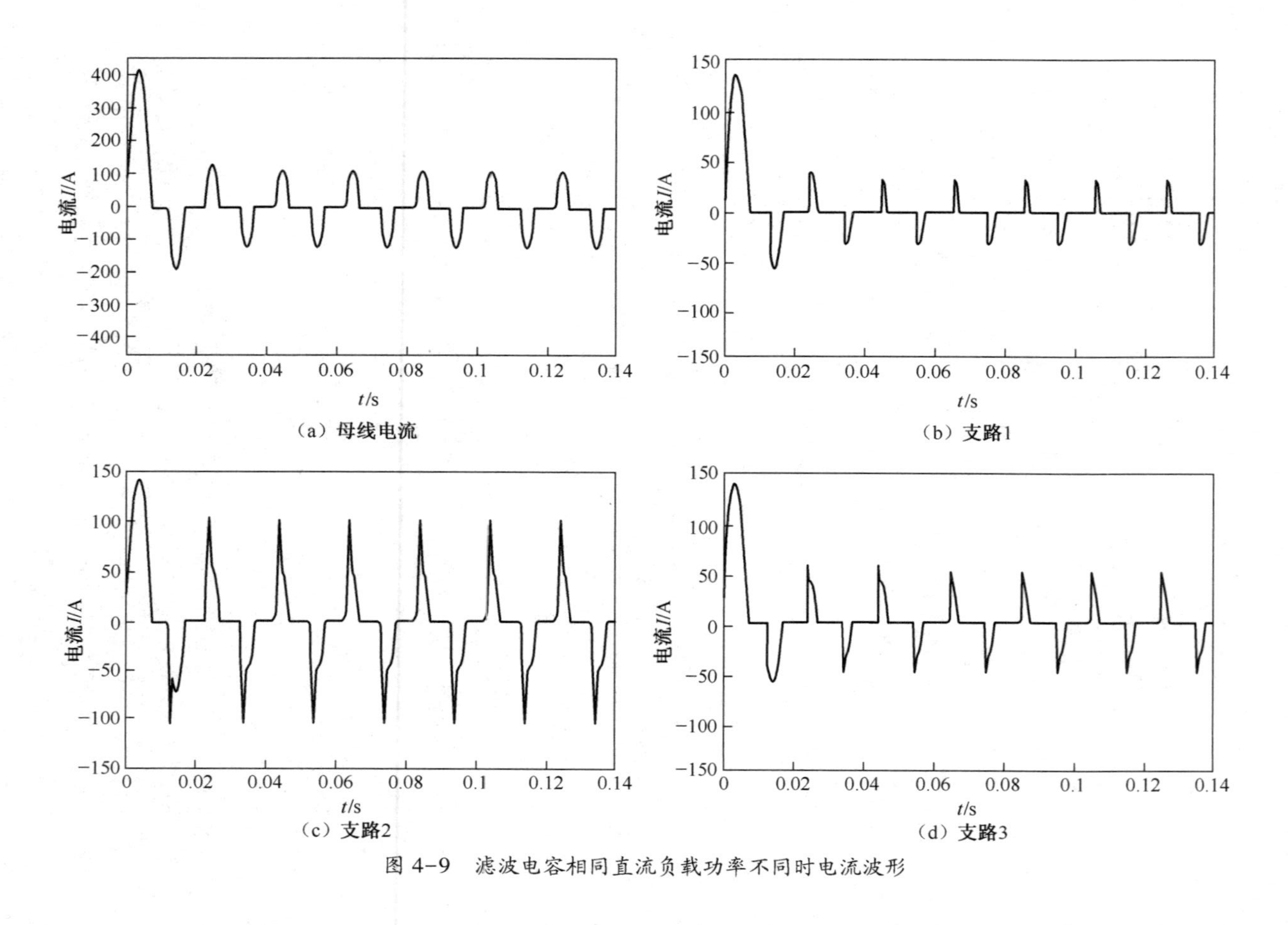

（a）母线电流

（b）支路1

（c）支路2

（d）支路3

图 4-9　滤波电容相同直流负载功率不同时电流波形

表 4-4　畸变率各次谐波电流

项目	第一台	第二台	第三台	母线(向量和)	代数和
THD	150.70%	122.20%	86.65%	78.56%	
I_1/A	6.534	12.78	37.34	56.29	56.654
I_3/A	6.104	11.14	26.3	40.41	43.544
I_5/A	5.303	8.322	12.5	17.94	26.125
I_7/A	4.248	5.167	8.527	0.671	17.942
I_9/A	3.094	2.854	8.579	5.988	14.527
I_{11}/A	2.021	2.54	4.894	3.744	9.455
I_{13}/A	1.243	2.905	2	1.363	6.148

4.3.2　滤波电容不同直流负载功率相同

滤波电容不同直流负载功率相同代表不同类型的整流型负载以相同的功率工作,即模拟实现同一种功能的不同类型的负载。在仿真图中参数设置为滤波电容大小不同直流等效电阻相同,母线电流波形和各条支路电流波形如图 4-10 所示。

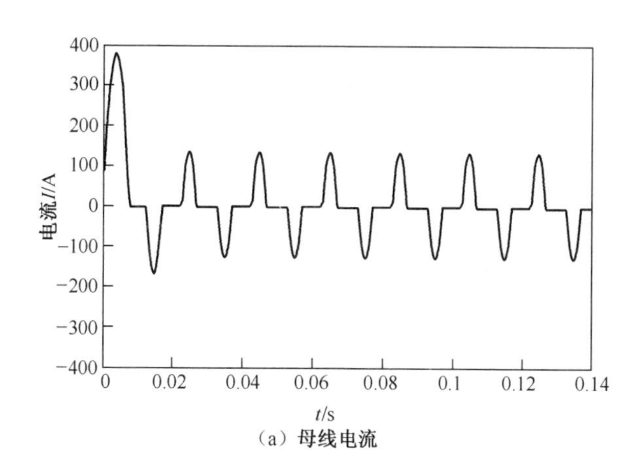

(a) 母线电流

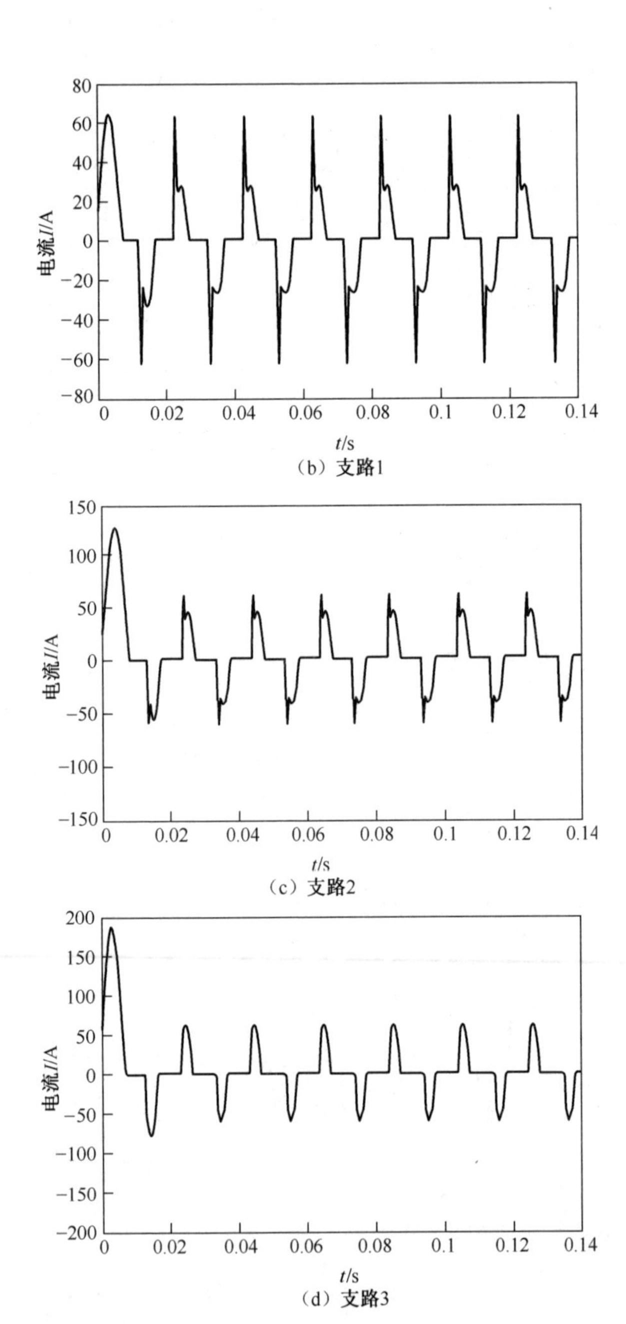

（b）支路1

（c）支路2

（d）支路3

图 4-10　滤波电容不同直流负载功率相同时电流波形

由图 4-10 可知，母线电流波形接近于正弦波，畸变率较小，而各条支路电流波形畸变较为严重，表明各次谐波电流有相互抵消的部分。各条支路及母线的基波和各次谐波电流如表 4-5 所列。

表 4-5　各次谐波电流

项目	第一台	第二台	第三台	母线(向量和)	代数和
THD	99.38%	104.50%	119.20%	87.80%	
I_1/A	12.52	12.98	13.62	38.59	39.12
I_3/A	8.936	10.65	11.72	30.01	31.306
I_5/A	4.188	6.839	9.037	16.97	20.064
I_7/A	3.051	2.979	5.841	5.192	11.871
I_9/A	3.933	1.547	2.914	1.76	8.394
I_{11}/A	3.268	2.433	1.334	2.673	7.035
I_{13}/A	2.498	2.355	1.676	0.63	6.529

结果表明，此时 7 次、9 次、11 次、13 次谐波电流向量和与代数和相差较大，若按代数和统计负载功率误差明显偏大。

4.3.3　滤波电容不同直流负载功率不同

滤波电容不同直流负载功率不同代表不同整流型负载以不同的功率工作，这种情况在地下工程供电系统中比较常见。在仿真图中参数设置为滤波电容大小不同且直流等效电阻也不相同，母线电流及各条支路的电流波形如图 4-11 所示。

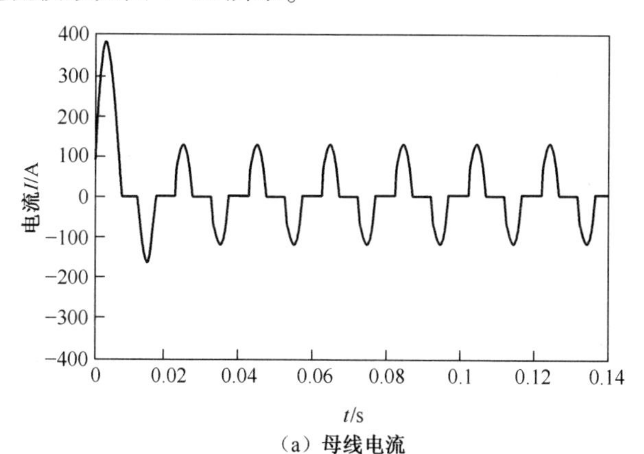

（a）母线电流

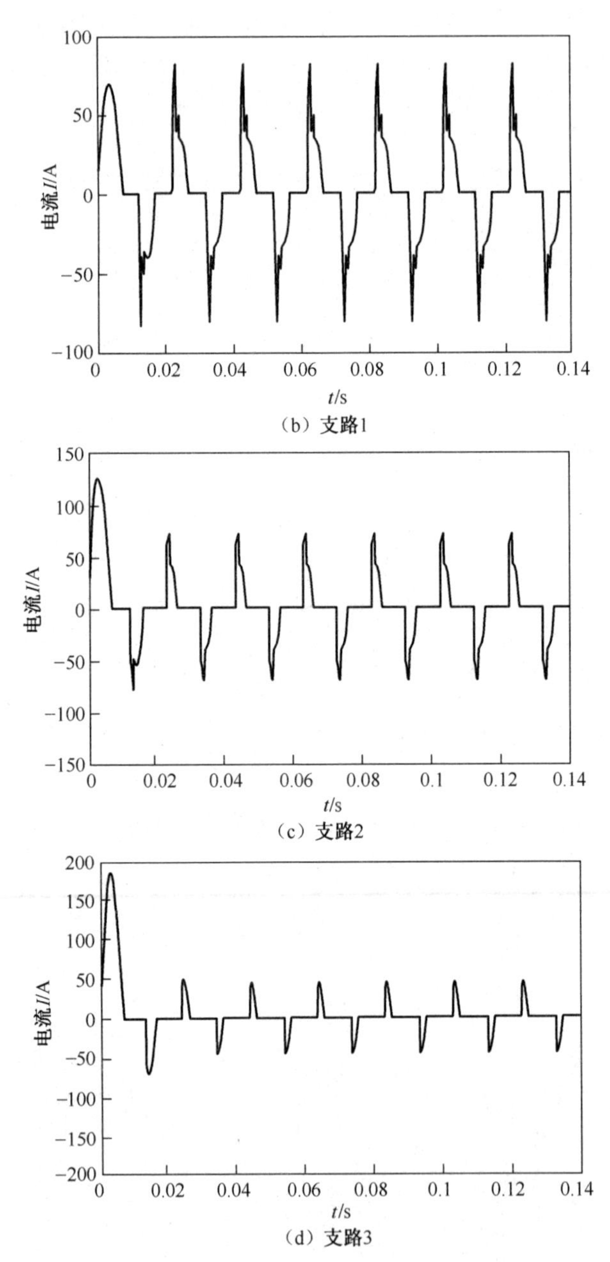

（b）支路1

（c）支路2

（d）支路3

图 4-11　滤波电容不同直流负载功率不同时电流波形

仿真结果表明，相比于各条支路电流波形，母线电流波形更接近于正弦波，即母线电流波形畸变率降低，正是各次谐波电流因相位的不同相互抵消的结果。各条支路及母线的基波和各次谐波如表 4-6 所列。

表 4-6 各条支路及母线的基波和各次谐波

项目	第一台	第二台	第三台	母线(向量和)	代数和
THD	72.77%	101.10%	141.20%	68.62%	
I_1/A	33.95	22.68	10.77	66.69	67.4
I_3/A	19.31	17.96	9.93	41.36	47.2
I_5/A	8.264	10.92	8.383	10.7	27.567
I_7/A	9.736	5.784	6.398	6.187	21.918
I_9/A	5.715	5.493	4.322	4.97	15.53
I_{11}/A	4.964	5.33	2.55	2.317	12.844
I_{13}/A	4.721	3.614	1.599	3.973	9.934

结果表明，5 次以上谐波代数和明显大于向量和，叠加后总电流小于各支路电流之和。

由以上分析可知，在地下工程供电系统中，整流型负载以不同的形式在系统中工作时其基波和各次谐波电流的向量和小于代数和，且随着非线性负载工作条件的变动谐波发射含量也在不断变化，在进行小容量地下工程供电系统设计时，需通过仿真软件计算非线性负载的谐波功率，以便合理选择系统各项参数。

4.4 实测结果

在某地下工程中，柴油发电机组经配电柜向负载供电，负载中含有线性负载和非线性负载，采用 Fluke1760 电能质量分析仪记录母线电流波形的数据，母线电流波形如图 4-12 所示。利用如上所述的数学方法，在 Matlab 软件中编写 M 文件，并使用 Matlab 软件自带的统计工具箱，可以实现对谐波电流的概率特性做出分析。

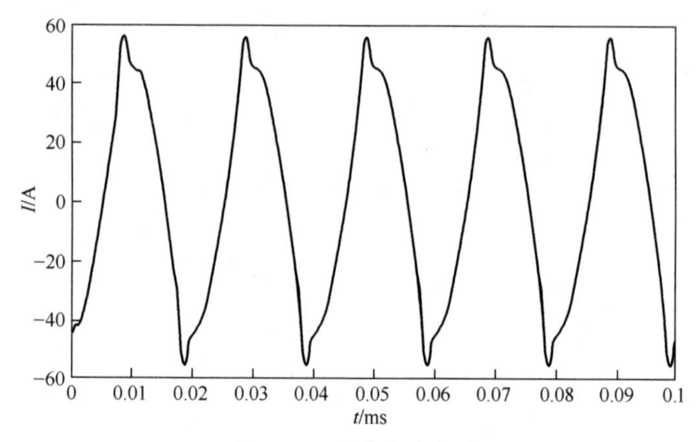

图 4-12　母线电流波形

经过计算，3、5、7、9、11、13 次谐波电流期望值为 6.62A，5.4A，3.21A，2.42A，2.12A，1.21A，使用电能质量分析仪测量的谐波电流为 6.46A，5.24A，3.17A，2.25A，1.92A，1.13A，相对变化如图 4-13 所示。

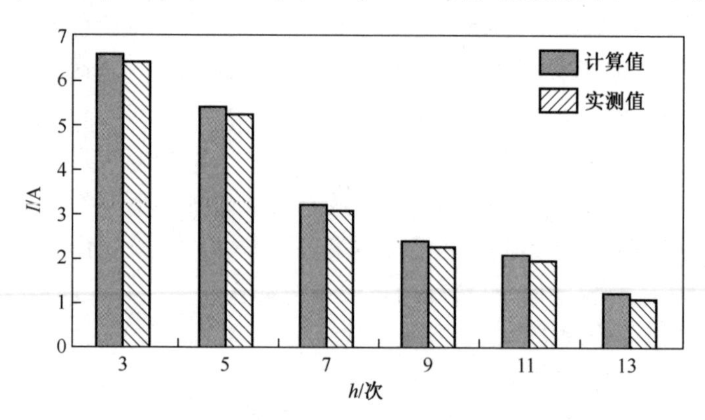

图 4-13　谐波电流对比图

由图 4-13 可知，计算值与实测值十分接近，结果表明采用概率论方法计算出的谐波电流总和接近于实测值，可以改变对地下工程谐波治理的盲目性，以较少的投资获得较好的谐波抑制效果。

第 5 章　变压器谐波模型研究

非线性负载条件下配电变压器的准确模型是研究地下工程供电系统的关键,本章从基础理论出发,采用叠加原理建立了非线性负载条件下变压器的数学模型,在 Matlab/Simulink 中建立了仿真模型,对 Dyn11 连接的配电变压器模型进行了深入研究。

5.1　变压器谐波潮流分析

若不考虑变压器因铁芯磁化曲线的非线性及本身构造的不对称产生的谐波电流,则内电动势完全为三相对称的正弦波形,只输出基波功率,经一、二次绕组电阻、漏电抗 r、x_σ 向线性负载 Z_L 和非线性负载 Z_{NL} 供电。如图 5-1 所示,变压器向负载与其他用户的公共连接点 PCC 供给有功功率 P_{g1},一部分功率 P_{l1} 供给负载,另一部分功率 P_{c1} 供给变流器且转变为频率不同的功率,即谐波功率如图 5-2 所示,在变压器谐波潮流图中,高压侧系统阻抗、交流线路阻抗、变压器阻抗分别用 $r_{Sh}+jx_{sh}$、$r_{sh}+jx_{sh}$ 和 $r_h+jx_{\sigma h}$ 表示,静止变流器表示为谐波电流源,一部分基波功率 P_{c1} 转变为谐波功率,分散在线路阻抗 P_{sh})、变压器阻抗 P_{gh}、高压侧系统阻抗 P_{sh} 中,其余部分功率 P_{lh} 被负载消耗。

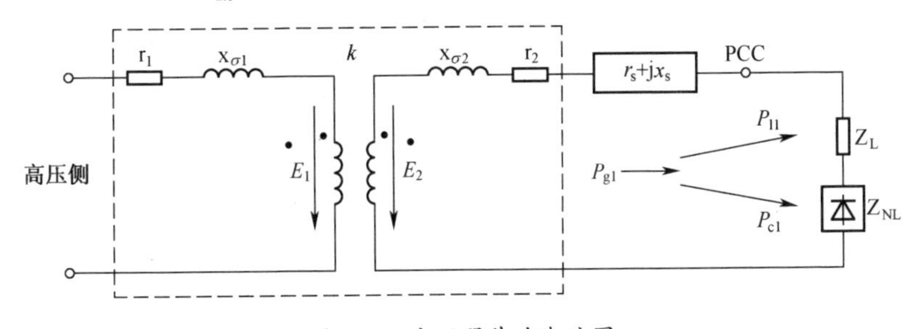

图 5-1　变压器基波潮流图

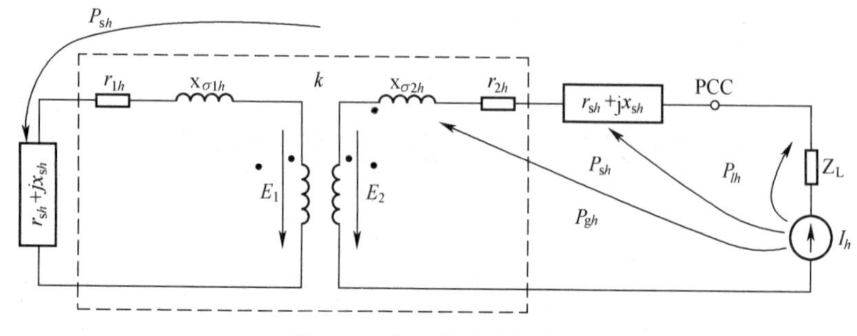

图 5-2　变压器谐波潮流图

非线性负载向供电系统发出谐波功率,这部分功率是非线性负载从供电系统中吸收的基波功率的一部分转化而来的。

5.2　基于谐波叠加原理的变压器模型研究

若不考虑铁芯非线性特性,变压器带非线性负载运行时,低压侧输出工频对称三相交流电源,非线性负载作为谐波源向电网注入谐波电流,可通过傅里叶法分解,看作是各次独立谐波电流源的并联,满足叠加原理,可分别作用于不同阻抗的变压器模型,研究不同次谐波对变压器的影响机理。

5.2.1　变压器谐波叠加原理分析

如图 5-3 所示,变压器带非线性负载运行时电网向负载输送基波能量,负载侧的谐波(谐波次数大于 1)电流等效为各次独立的谐波电流源且由负载侧经变压器流向电网。

图 5-3 中 r_1、x_1 分别为变压器初级绕组电阻与等效漏抗,r_2、x_2 分别为次级绕组电阻及等效漏抗,r_m、x_m 分别为变压器励磁电阻及电抗;$r_s + jx_s$ 为电网系统阻抗;下标加“n”为第 n 次谐波作用下各个参数对应的阻抗值;$\dot{I}_{s1}$ 为电源向电网注入的基波电流,$\dot{I}_{L1}$ 为非线性负载基波电流,$\dot{I}_{m1}$ 为励磁支路基波电流,$\dot{I}_{sn}$ 与 $\dot{I}_{gn}$ 分别为非线性负载输出谐波源电流和向电网注入的谐波电流;$\dot{I}_{Ln}$ 为非线性负载等效 n 次谐波电流源。

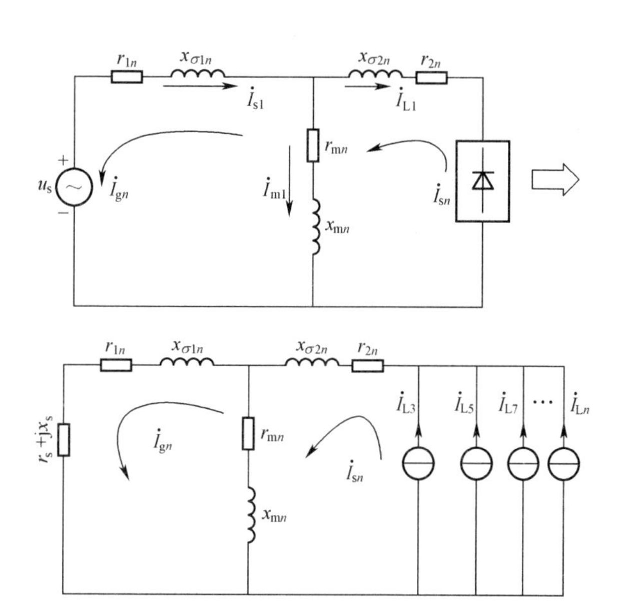

图 5-3 变压器带非线性负载谐波流向 T 形等值电路

负载侧基波电压为

$$u_1(t) = U_1\sin(\omega t + \varphi_1) \tag{5-1}$$

负载谐波电流为($n=3,5,7,9,11,\cdots$)

$$i(t) = I_{L1}\sin(\omega t) + I_{L3}\sin(3\omega t) + I_{L5}\sin(5\omega t) + \cdots + I_{Ln}\sin(n\omega t) \tag{5-2}$$

对于第 n 次谐波电流源($n=3,5,7,9,11,\cdots$),有

$$i_n(t) = I_{Ln}\sin(n\omega t) \tag{5-3}$$

第 n 次谐波变压器阻抗作用下,次级绕组第 n 次谐波电压为($n=3,5,7,9,11,\cdots$)

$$u_{Ln}(t) = U_{Ln}\sin(n\omega t + \varphi_n) \tag{5-4}$$

变压器初级绕组第 n 次谐波电压为($n=3,5,7,9,11,\cdots$)

$$u_{1n}(t) = U_{1n}\sin(n\omega t + \varphi) \tag{5-5}$$

依据上述原理,以各次谐波电流作为电流源作用后的负载侧、高压侧谐波电压分别为($n=3,5,7,9,11,\cdots$)

$$u_{Ln}(t) = U_{L3}\sin(3\omega t + \varphi_3) + U_{L5}\sin(5\omega t + \varphi_5)$$

$$+U_{L7}\sin(7\omega t+\varphi_7)+\cdots+U_{Ln}\sin(n\omega t+\varphi_n)$$

$$(5-6)$$

$$u_{1n}(t)=U_{13}\sin(3\omega t+\varphi_{13})+U_{15}\sin(5\omega t+\varphi_{15})+U_{17}\sin(7\omega t+\varphi_{17})+\cdots+U_{1n}\sin(n\omega t+\varphi_{1n}) \tag{5-7}$$

分析各次谐波电流分别作用时，谐波次数的增大导致绕组电阻、电抗、励磁阻抗产生较大变化，变压器谐波阻抗效应得以体现，此时变压器绕组电压随谐波阻抗的差异也产生较大变化。

考虑到基波电流与谐波电流流向相反，依据叠加原理，负载基波电压（次级绕组电压）与谐波电压叠加后，变压器一次与二次绕组电压如下。

变压器二次绕组端电压为

$$\begin{aligned}u_L(t)&=u_{L1}(t)-u_{Ln}(t)=U_{L1}\sin(\omega t+\varphi_1)+U_{L3}\sin(3\omega t+\varphi_3+\pi)\\&\quad+U_{L5}\sin(5\omega t+\varphi_5+\pi)+\cdots+U_{Ln}\sin(n\omega t+\varphi_n+\pi)\\&=U_{L1}\sin(\omega t+\varphi_1)-U_{L3}\sin(3\omega t+\varphi_3)\\&\quad-U_{L5}\sin(5\omega t+\varphi_5)-\cdots-U_{Ln}\sin(n\omega t+\varphi_n)\end{aligned} \tag{5-8}$$

同理，变压器一次绕组端电压为

$$\begin{aligned}u_1(t)&=u_{11}(t)-u_{1n}(t)=U_{11}\sin(\omega t+\varphi_{11})+U_{13}\sin(3\omega t+\varphi_{13}+\pi)\\&\quad+U_{15}\sin(5\omega t+\varphi_{15}+\pi)+\cdots+U_{1n}\sin(n\omega t+\varphi_{1n}+\pi)\\&=U_{11}\sin(\omega t+\varphi_{11})-U_{13}\sin(3\omega t+\varphi_{13})\\&\quad-U_{15}\sin(5\omega t+\varphi_{15})-\cdots-U_{1n}\sin(n\omega t+\varphi_{1n})\end{aligned} \tag{5-9}$$

5.2.2 变压器基波阻抗参数

作为变压器谐波阻抗参数的参考基础，短路试验与空载试验参数关系到非线性负载情况下相关参数的准确性，必须进行可靠分析计算。

通常将三相变压器的单相 T 形等值电路简化如图 5-4 所示。

通过短路试验测量变压器一次与二次绕组电阻和漏抗。方法是将二次绕组短路，一次绕组的电压由零逐渐增加，直至初级电流达到额定值 I_{1N}，此时三相变压器总的有功功率损耗记为 P_k，初级电压为 U_{1k}，通常用额定电压的百分数表示，忽略励磁电流 I_m 及铁芯损耗，即 $I_0=I_K=I_{1N}$，则

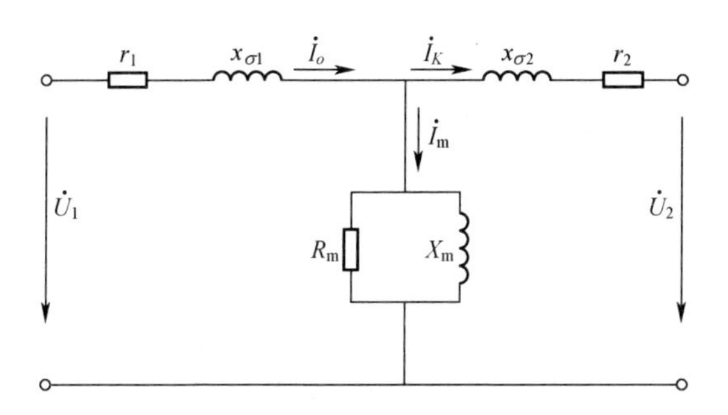

图 5-4 双绕组变压器单相 T 形等值电路

$$P_K = 3\left(\frac{S_N}{\sqrt{3}U_{1N}}\right)r_K = \frac{S_N^2}{U_{1N}^2}r_K \tag{5-10}$$

式中,S_N、U_{1N}、P_K分别用 MV · A、kV、kW 表示,推导得

$$r_K = \frac{P_K}{1000} \times \frac{U_{1N}^2}{S_N^2} \quad (\Omega) \tag{5-11}$$

考虑到配电变压器的漏抗 x 要比绕组电阻 r 大很多倍,因此认为短路电压和 x 上的压降相比较小,所以

$$U_K\% = \frac{U_{1K}}{U_{1N}} \times 100 = \frac{\sqrt{3}I_{1N}x}{U_{1N}} \times 100 = \frac{S_N}{U_{1N}}x \times 100 \tag{5-12}$$

即

$$x_K = \frac{U_K\%}{100} \times \frac{U_{1N}^2}{S_N} \quad (\Omega) \tag{5-13}$$

对于正常设计的绕组,一般取 $r_1 = r_2 = r_K/2, x_1 = x_2 = x/2$。

通过空载试验测量变压器励磁电阻及电抗。将二级绕组开路,一次绕组加上线电压为额定值 U_{1N},此时测出有功空载损耗记为 P_0,$I_K = 0$,$I_0 = I_m$,空载电流通常用额定电流的百分数表示,忽略变压器一次绕组损耗 $I_0^2 r_1$,则

$$R_m = \frac{U_{1N}^2}{P_0} \times 10^3 \quad (\Omega) \tag{5-14}$$

式中,P_0、U_{1N}分别用 kW、kV 表示。

由于励磁支路中,电阻 $R_m \gg X_m$,因此近似认为空载电流等于励磁电抗支路电流,即

$$I_0\% = \frac{I_0}{I_{1N}} \times 100 = \frac{U_{1N}}{\sqrt{3}X_m} \times \frac{1}{I_{1N}} \times 100 = \frac{U_{1N}^2}{X_m S_N} \times 100 \quad (5-15)$$

$$X_m = \frac{100}{I_0\%} \times \frac{U_{1N}^2}{S_N} \quad (\Omega) \quad (5-16)$$

5.2.3 变压器绕组谐波阻抗参数

通常推导的电缆电线趋肤深度一般为圆形导体,而变压器绕组一般为紧密缠绕的矩形截面导体;绕组导线通过电流时,发生第一次趋肤效应;变压器铁芯产生的畸变磁场,在绕组导线上发生第二次趋肤效应,变压器绕组导线的结构使得邻近效应更加明显;考虑到变压器绕组导线相比一般的电缆发生集肤效应和邻近效应的规律更加复杂,因此,采用大量试验数据拟合的方法比理论推导法得出的变压器谐波阻抗更加方便准确。

美国 Clemson 大学的 Thompson 等人通过试验的方法确定谐波条件下变压器的参数。利用计算机控制产生的各次谐波电流,对空载和短路条件下的不同次谐波进行多次试验,不考虑变压器铁芯饱和及其他非线性等因素的影响时,各次谐波作用下的变压器等效电路如图5-5所示 。

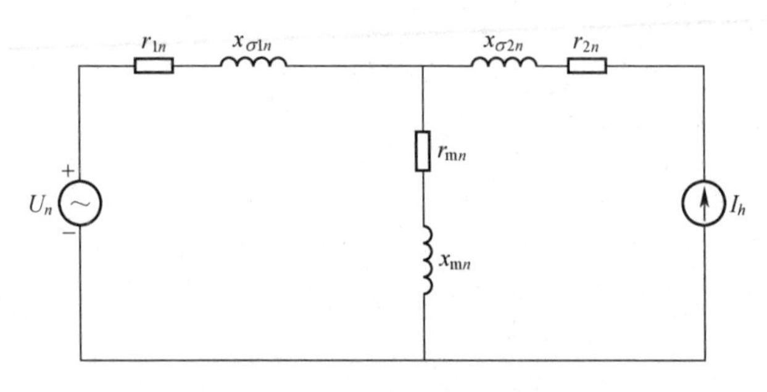

图 5-5 n 次谐波变压器等效电路

图中:n 为谐波次数;U_n 为变压器一次侧施加的 n 谐波电压;I_n 为

第 n 次谐波电流；r_{1n}、$x_{\sigma 1n}$分别为第 n 次谐波作用下的一次绕组电阻及电抗，r_{2n}、$x_{\sigma 2n}$为第 n 次谐波作用下的二次绕组电阻及电抗；r_{mn}、x_{mn}分别为第 n 次谐波作用下的励磁电阻与电抗。

将大量试验得到的参数运用数学拟合方法得到如下指数表达式：

$$R = a_1 e^{a_2 f} \tag{5-17}$$

式中：R 为通过曲线拟合所得电阻；a_1、a_2为拟合系数；f 为频率。

经拟合分析可得以下计算公式。

初级绕组谐波电阻为

$$r_{1n} = 0.966360814e^{0.0285h} r_{11} \tag{5-18}$$

次级绕组谐波电阻为

$$r_{2n} = 0.966360814e^{0.0285h} r_{21} \tag{5-19}$$

初级绕组谐波等效漏抗为

$$x_{1\sigma n} = (0.9987219832 + 0.153923 \times 10^{-2}h - 0.39525 \times 10^{-3}h^2)x_{1\sigma 1} \tag{5-20}$$

次级绕组谐波等效漏抗为

$$x_{2\sigma n} = (0.9987219832 + 0.153923 \times 10^{-2}h - 0.39525 \times 10^{-3}h^2)x_{2\sigma 1} \tag{5-21}$$

谐波励磁电阻为

$$r_{mn} = (0.7060448503 + 0.248140685n - 0.26485 \times 10^{-2}n)r_{m1} \tag{5-22}$$

谐波励磁电抗为

$$x_{mn} = (1.077990695 - 0.0664264n + 0.119525 \times 10^{-2}n^2)x_{m1} \tag{5-23}$$

5.3 变压器谐波模型仿真

5.3.1 变压器谐波仿真模型的建立

变压器模型的封装与建立过程较为烦琐，总体分为以下 4 个环节，如图 5-6 所示。

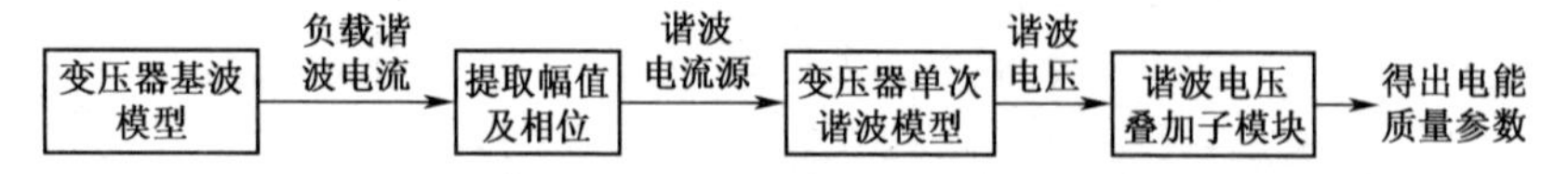

图 5-6　仿真模型流程图

1. 变压器基波模型

如图 5-7 所示,基本参数包括变压器额定容量、变压器额定频率、一次和二次绕组线电压有效值、变压器短路损耗与短路电压百分比、变压器空载损耗与空载电流百分比,谐波次数为 1 表示基波,计算得基波情况下变压器一次和二次绕组电阻、等值漏感、励磁阻抗,据此可按照 5.2 节拟合公式推导出各次谐波阻抗。启动仿真后通过基波模型仿真可分析出负载侧谐波电流信息。

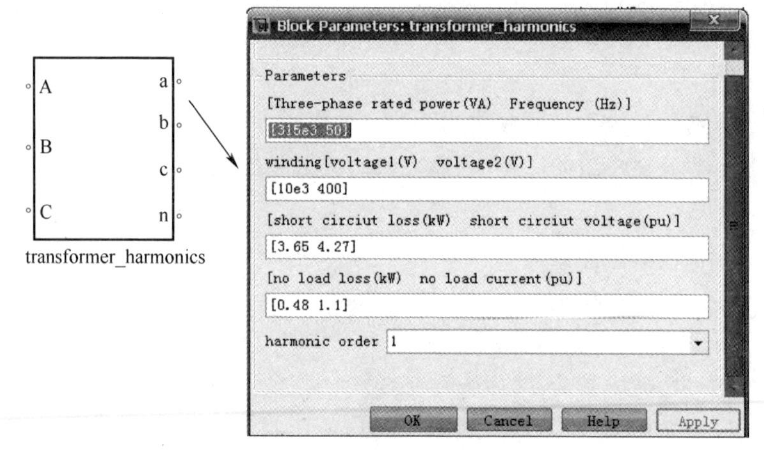

图 5-7　变压器谐波模型界面

2. 提取谐波电流幅值及相位

傅里叶分析原理如下:

$$
\begin{aligned}
f(t) = & a_0 + [a_1\cos(\omega t) + b_1\sin(\omega t)] + [a_2\cos(2\omega t) + b_2\sin(2\omega t)] + \cdots \\
& + [a_n\cos(k\omega t) + b_n\sin(k\omega t)] \\
= & a_0 + \sum_{n=1}^{\infty}[a_n\cos(n\omega t) + b_n\sin(n\omega t)] \\
= & I_0 + I_{1m}\cos(\omega t + \Psi_1) + I_{2m}\cos(2\omega t + \Psi_2) + \cdots
\end{aligned}
$$

$$+ I_{nm}\cos(n\omega t + \Psi_n)$$

$$= I_0 + \sum_{n=1}^{\infty} I_{nm}\cos(n\omega t + \Psi_n) \tag{5-24}$$

忽略直流分量 I_0，且保证仿真效率，只考虑前 15 次奇次谐波电流分量，则第 n 次谐波电流 $\dot{I}_{km}$ 的幅值与相位分别为

$$I_{nm} = \sqrt{a_n^2 + b_n^2} \tag{5-25}$$

$$\Psi_n = \arctan\left(\frac{-b_n}{a_n}\right) \tag{5-26}$$

将第 n 次谐波电流信息传送至单次谐波模型子模块。谐波电流傅里叶模块如图 5-8 所示。

3. 变压器单次谐波模型

如图 5-9 所示，将第二步计算得到得各次谐波电流幅值、相位信息传送至负载侧受控电流源输入端。以 3 次谐波为例，谐波次数 h 选择 3，对应 3 次谐波变压器模型，3 次谐波电流作用于相应变压器模型后测量该次谐波电压信息。由于电网只提供基波电源，即谐波电流源作用时高压侧为无源网络，只考虑很小的电网系统阻抗。

4. 谐波电压叠加子模块

考虑谐波电流源流向相反特点，记录将上述各次谐波电压进行叠加，作为受控电压源输入，最终得出变压器负载侧三相输出电压，如图 5-10所示。

5.3.2 变压器谐波模型仿真

1. 仿真模型参数设置

高压侧电源：线电压为 10kV，额定频率 50Hz，A 相初相角 0°，电源系统阻抗分别为 0.5Ω、5mH。

变压器：315kV · A，10/0.4kV，18.2/455A，Dyn11 连接，短路损耗 P_K = 3.65kW，短路电压 (U_K/U_{1N}) × 100% = 4.27%，空载损耗 P_0 = 0.48kW，空载电流 (I_0/I_{1N}) ×100% = 1.1%。

三相线性负载：80kW，阻性。

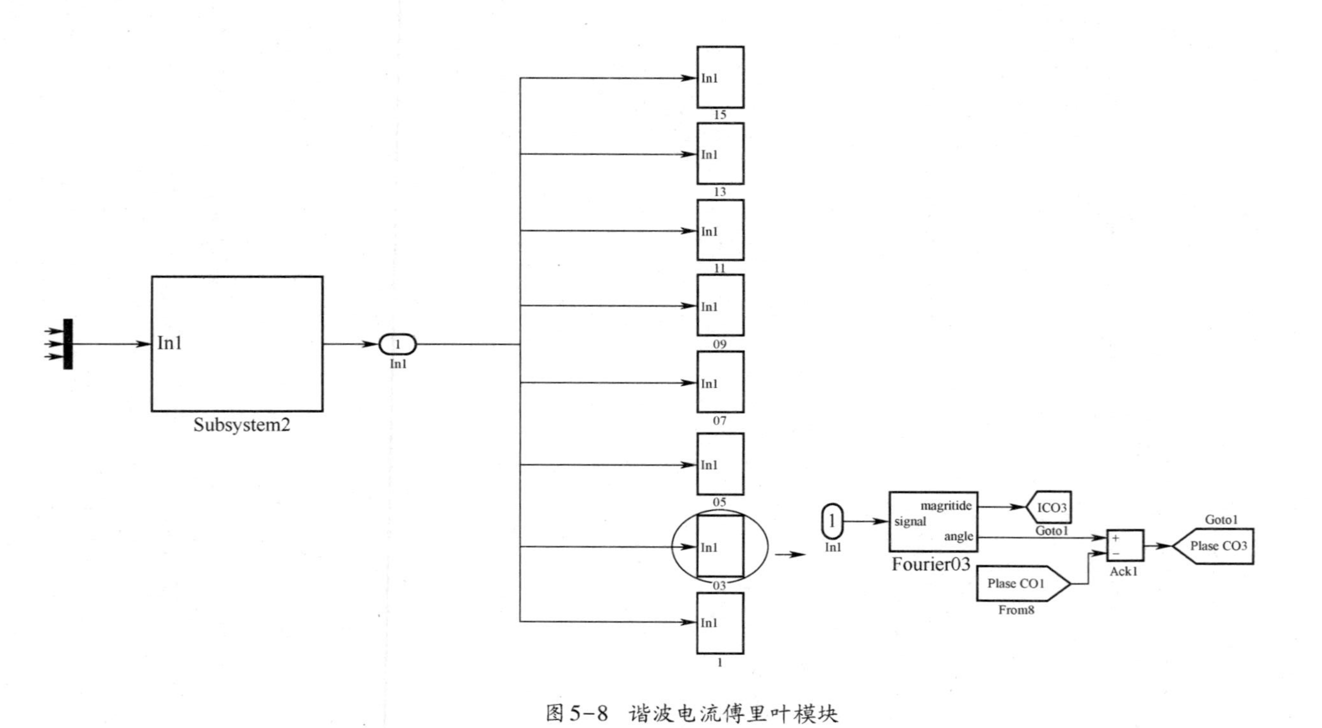

图 5-8　谐波电流傅里叶模块

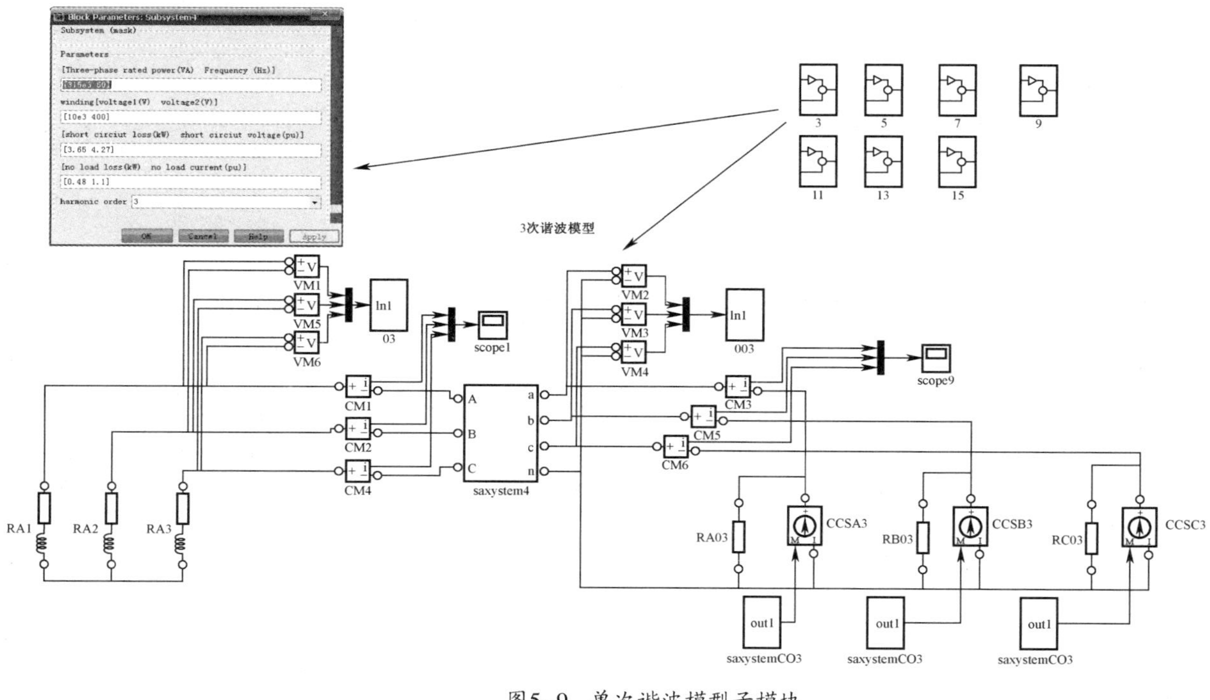

图5-9　单次谐波模型子模块

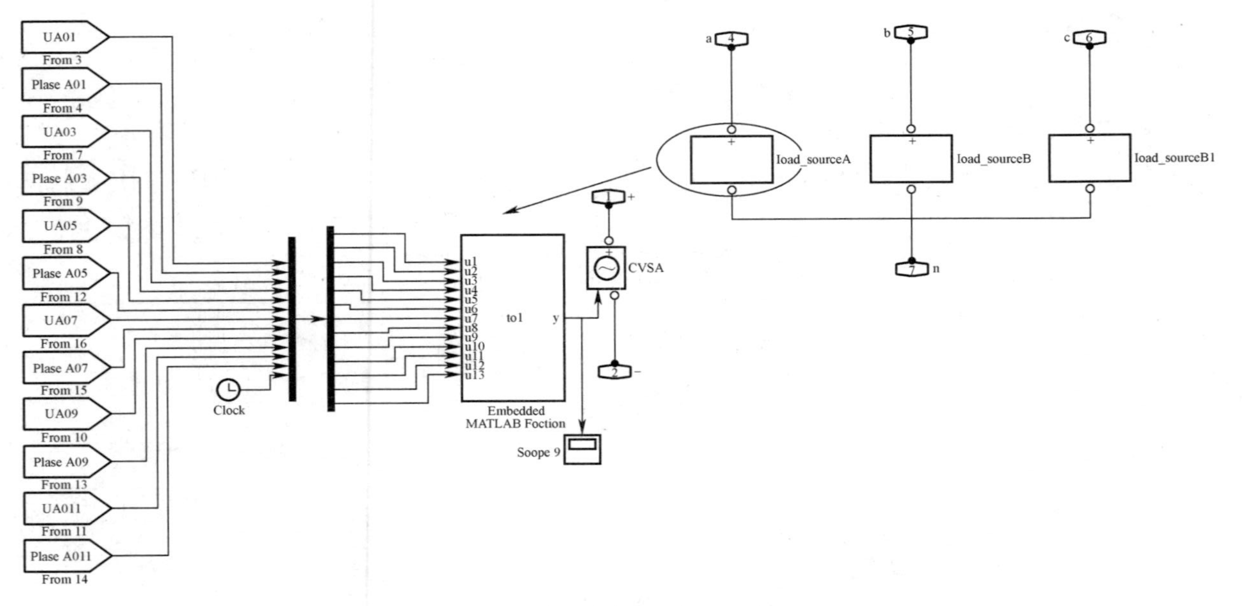

图5-10　谐波电压合成子模块

A 相非线性负载：单相不控整流器带水电阻，滤波电容 3000μF，初始电压 320V。

仿真时间为 0.2s，采用 ode23tb 算法。

2. 变压器空载运行仿真

变压器空载运行仿真模型原理图如图 5-11 所示。变压器空载仿真波形如图 5-12 所示。

因为变压器模型未考虑铁芯非线性和绕组不对称，高压侧未出现励磁涌流现象，同时负载端电压波形良好，空载电能质量满足负载实际供电要求。

3. 非线性负载仿真

变压器带非线性负载仿真模型原理图如图 5-13 所示，设置仿真时间为 0.14s，0.04s 时刻 A 相非线性负载投入系统，单相不控整流器直流侧功率为 10.16kW。变压器负载电流波形如图 5-14 所示。

由图 5-14 可知，0.04s 时刻 A 相整流器负载投入运行，低压母线 A 相电流增大且发生畸变，因为变压器为 Dyn11 连接，高压侧 A、B 相电流增大并产生畸变，符合变压器电流传输理论。变压器负载电压波形对比如图 5-15 所示。

由图 5-15 可知，0.04s 之前系统带 80kW 线性负载运行，在 0~0.02s 由于变压器内部电感及电阻作用，谐波模型存在一周波的平稳上升过程，0.02~0.04s 后便完全对称，而传统模型未能反映这一点；0.04s 之后，谐波模型与传统模型 A 相电压波形尖峰均比 B、C 相电压波形较大。但是经计算，其有效值由负载平衡时的 230.3V 下降至 202.5V，而传统模型则未考虑谐波阻抗作用，A 相负载端电压由 230.3V 上升至 230.8V。可见，新型变压器模型带线性负载时与传统模型结果均正确，但是非线性负载不对称时，谐波模型更切合实际。变压器 A 相负载电压谐波畸变率对比如图 5-16 所示。

由图 5-16 可知，与传统模型相比，谐波模型在建模时考虑到各次谐波阻抗，导致同一次谐波电流引起的电压畸变率明显增大，总电压谐波畸变率由 3.36%增至 5.06%，更能反映系统实际情况；由于仅考虑到 1、3、5、7、9、11、13、15 次谐波电流影响，负载电压谐波畸变率中仅含有这些次谐波，与理论分析一致。

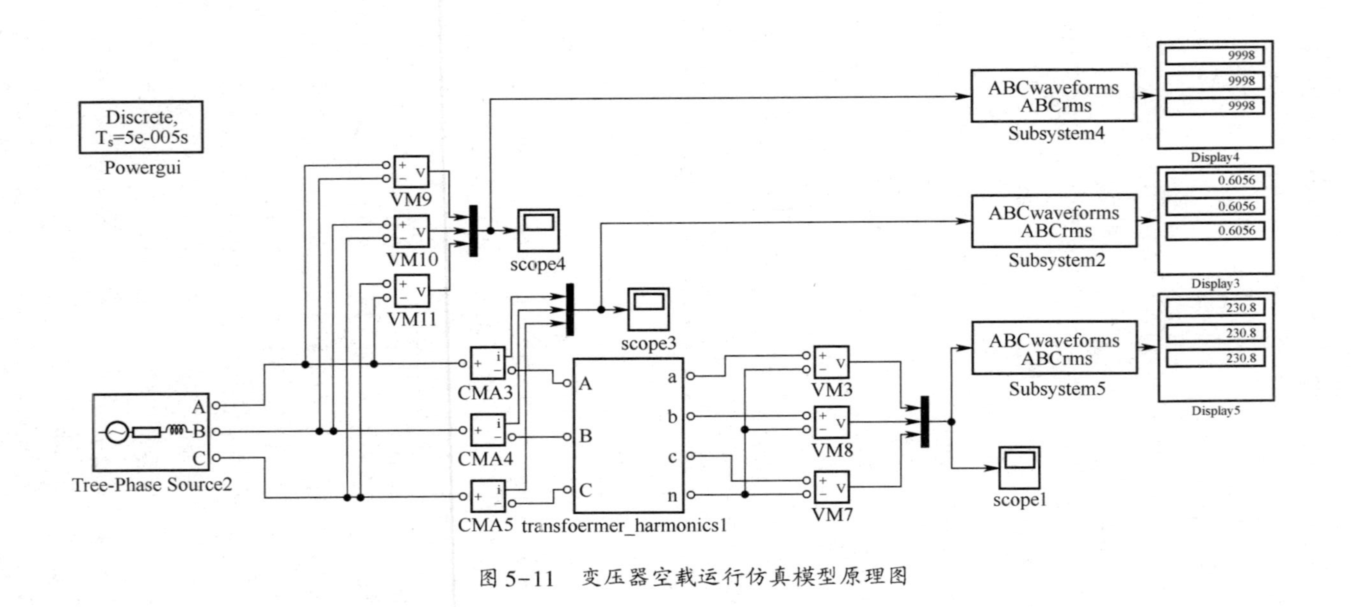

图 5-11　变压器空载运行仿真模型原理图

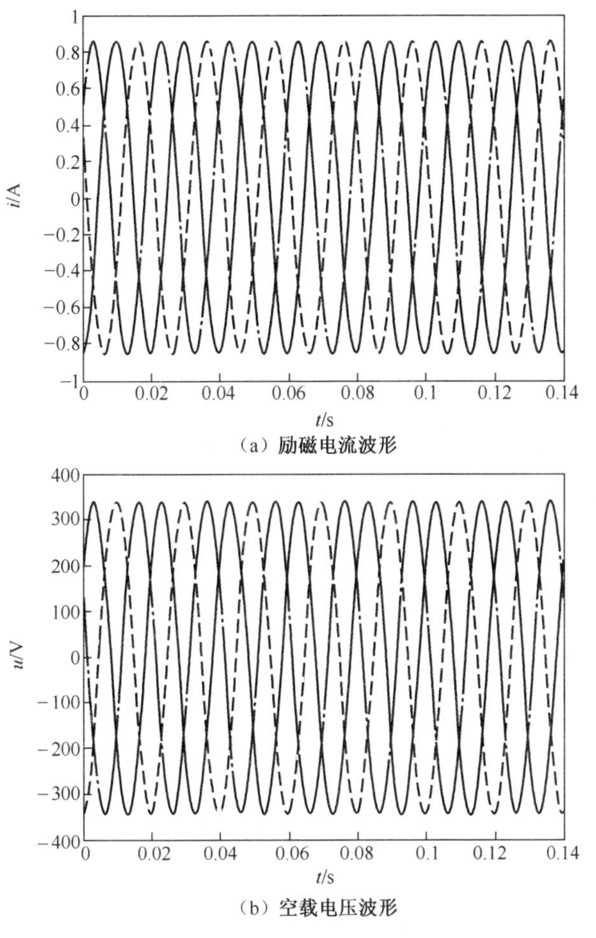

图 5-12 变压器空载仿真波形

通过对变压器谐波模型空载、带线性负载和非线性负载的仿真，与传统模型进行对比可知，空载与线性负载运行时，二者均能正确反映负载电流、电压等参数变化趋势；但是非线性负载情况下，传统模型负载电压出现随直流负载功率增加而增大的反常现象；反观谐波变压器模型，负载端电压随直流负载功率变化略有下降，变化趋势符合实际情况。

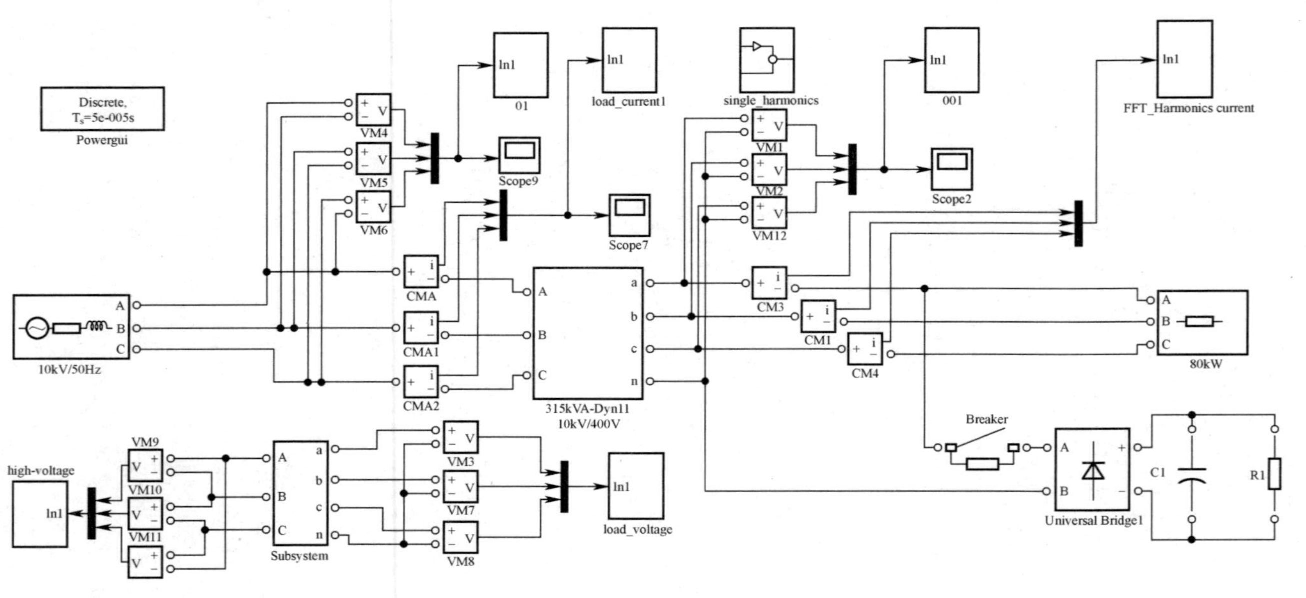

图5-13　变压器带非线性负载仿真原理图

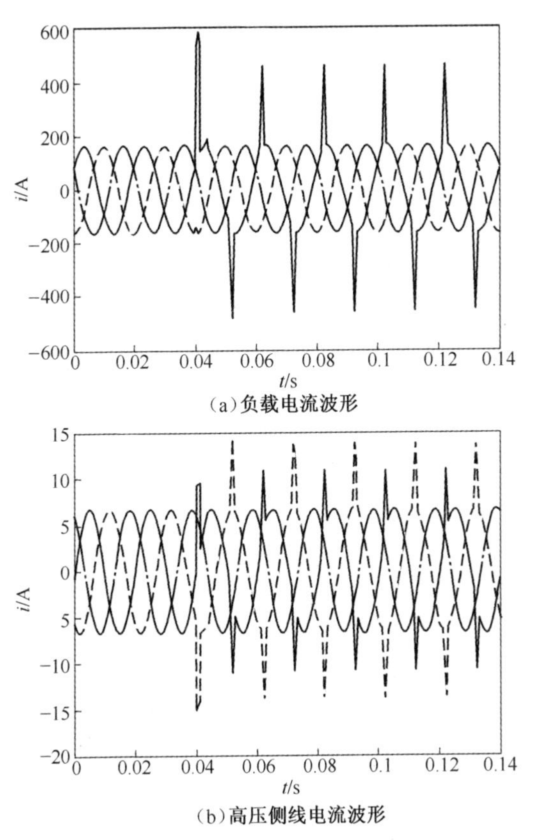

（a）负载电流波形

（b）高压侧线电流波形

图 5-14 变压器负载电流波形

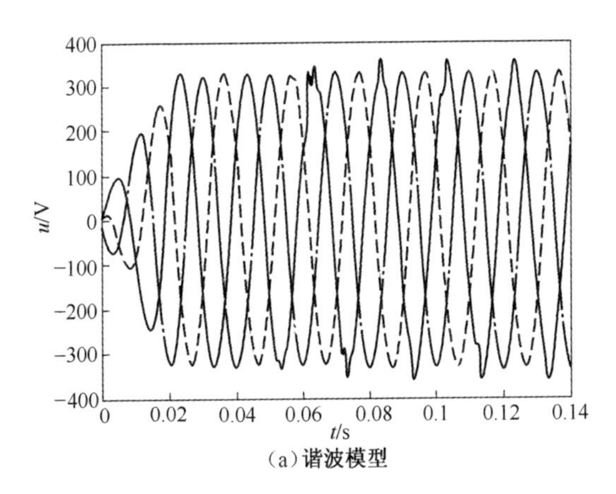

（a）谐波模型

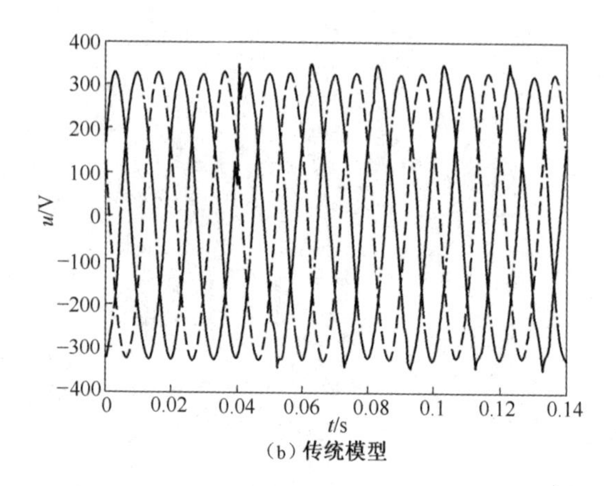

（b）传统模型

图 5-15　变压器负载电压波形对比

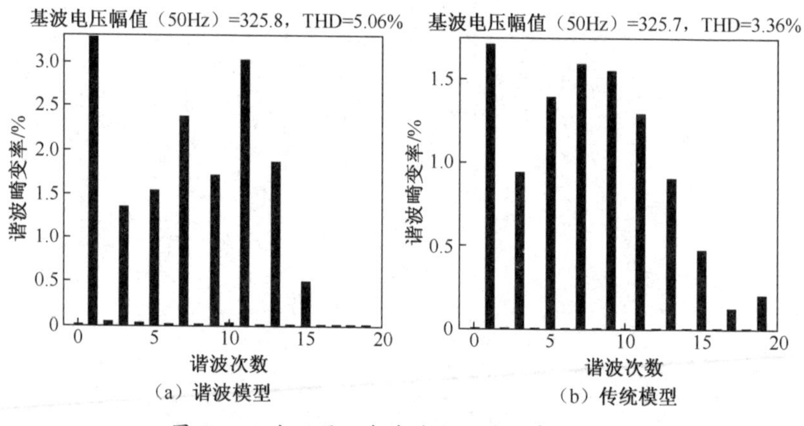

（a）谐波模型　（b）传统模型

图 5-16　变压器 A 相负载电压谐波畸变率对比

5.4　变压器谐波试验

为了保证测量的精确度,对多路信号的测量需要同时进行,研究谐波的传输规律更需要测量某一刻的多路信号。当支路较多时,现有测量设备达不到同时测量的要求,为此,研发一套高速同步数据采集系统十分必要。

5.4.1 高速同步数据采集系统的研制

高速同步数据采集系统由 ISB2703 智能采集控制模块组建而成，通过与上位机 Simulink 软件的配合，监测系统运行中的各路电压、电流参数，并可控制部分断路器、接触器的合闸、分闸。采集量主要有原型系统运行时电源进线和配电柜出线电压与电流，控制量主要为接地点接触器的断开与闭合。

1. 低压侧电气参数测量原理

电流、电压试验数据通过 ISB2703 系列数据采集模块处理，通过 CAN 总线传至上位机 Simulink 软件分析。低压侧电流测量采用工频电流互感器型号如下：

低压母线电流互感器：f= 50~60Hz，耐压 660V，600/5A，0.5 级；

支路电流互感器：f= 50~60Hz，耐压 660V，400/5A，0.5 级。

低压互感器与数据采集模块连接原理如图 5-17 所示。

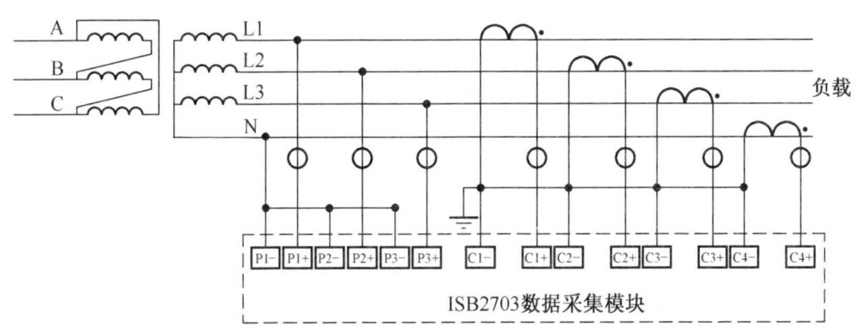

图 5-17 低压互感器与数据采集、模块连接原理图

2. 高压侧电气参数测量原理

高压侧互感器采用两个 V/V 连接的单相互感器，可方便测量相间电压及线电流，广泛应用于 20kV 以下的电网中。高压互感器的 V/V 连接与数据采集模块接线原理如图 5-18 所示。将互感器测量得电压电流信号经 ISB2703 数据采集模块处理，CAN 总线传送至上位机 Simulink 中进行实时分析。高压互感器型号与参数如下：

电压互感器：JDZ-10，f= 50Hz，10/0.1，0.5 级，一次绕组对二次绕组及地的耐压 42kV，二次绕组间及地 3kV；

电流互感器：$f=50\mathrm{Hz}$，30/5，0.5 级，耐压 42kV。

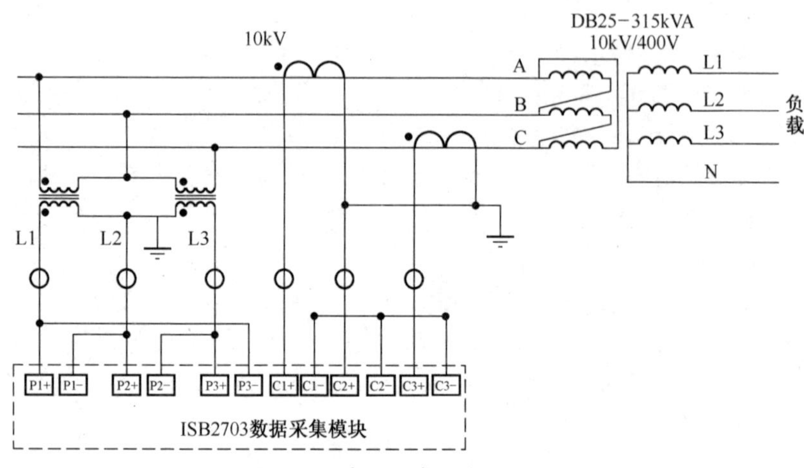

图 5-18　高压互感器连接原理图

测量原理分析如下。

V/V 连接的两个电压互感器二次侧两个开口端之间的电压与其一次侧的两个开口端电压存在对应的相量关系。即二次侧两个开口端及公共端之间的电压也同样满足电源三相电压的关系。因此，虽然“B 相无电压”(未施加任何电压)，输出端的电量依然是三相电量。

三相三线制系统中：

$$u_{ca}+u_{bc}+u_{ab}=0 \tag{5-27}$$

因此，由 ab 和 bc 线电压可以计算出 ca 线电压，即

$$u_{ca}=u_{cb}-u_{ab} \tag{5-28}$$

互感器 V/V 连接电压相量图如图 5-19 所示，同理，有

$$i_a+i_b+i_c=0 \tag{5-29}$$

可以采用上述原理测量，用两台互感器测出高压侧三相线电流。

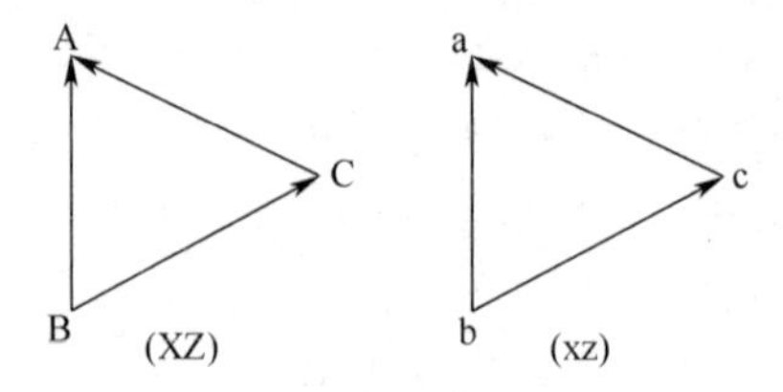

图 5-19　互感器 V/V 连接电压相量图

5.4.2 试验原理

如图 5-20 所示,低压侧非线性负载:三相整流器 1 台,交流侧额定输入电流为 500A;单相整流器 3 台,交流侧额定输入电流均为 200A;整流器直流侧负载均为水电阻;1 台线性负载电阻箱作为对比分析。

配电变压器为油浸式,S11M-315kV · A,10/0.4kV,18.2/455A,Dyn11 连接。

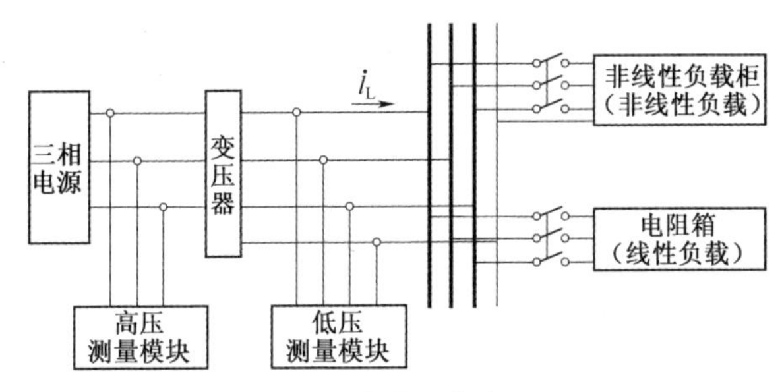

图 5-20 变压器非线性负载试验原理图

为实现在 Simulink 环境下对试验数据进行分析,编写 M 语言程序,将试验产生的 Excel 文件数据读入 Matlab,进一步导入 Simulink 文件包,建立数据分析模块如图 5-21 所示。

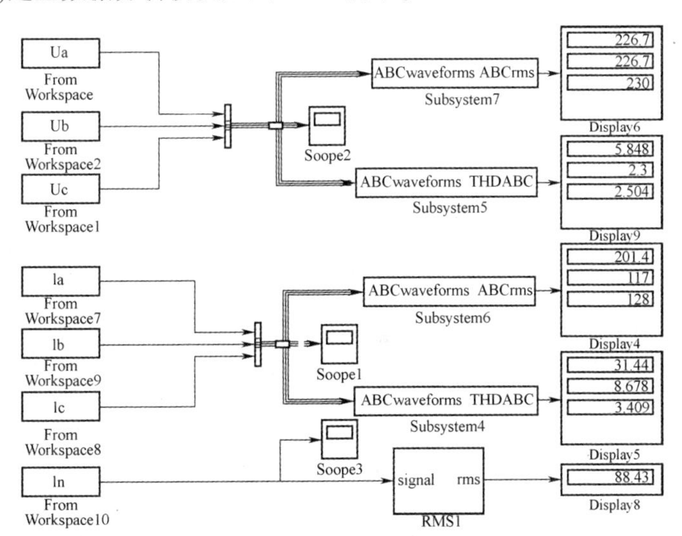

图 5-21 基于 Simulink 的试验参数分析模块

5.4.3 试验结果分析

单相不控整流器直流侧功率为10.96kW时,试验测得变压器母线电流、电压波形如图5-22所示。试验结果与变压仿真数据对比分析如图5-23~图5-26所示。

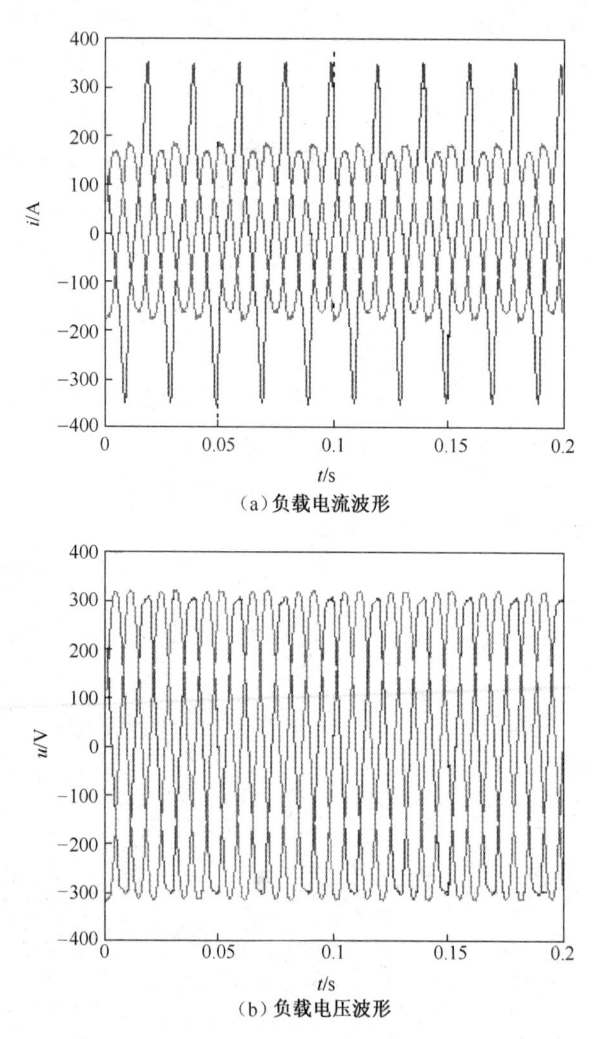

图5-22 负载电流、电压波形

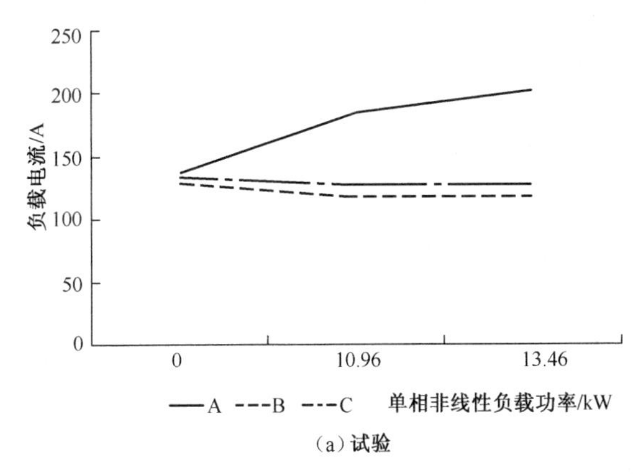

(a) 试验

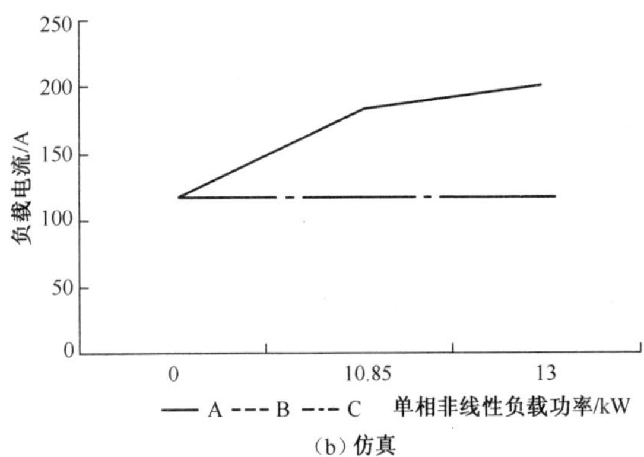

(b) 仿真

图 5-23　变压器低压母线电流波形

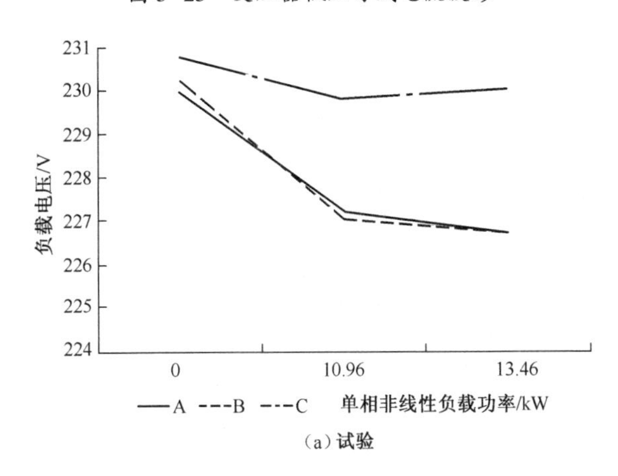

(a) 试验

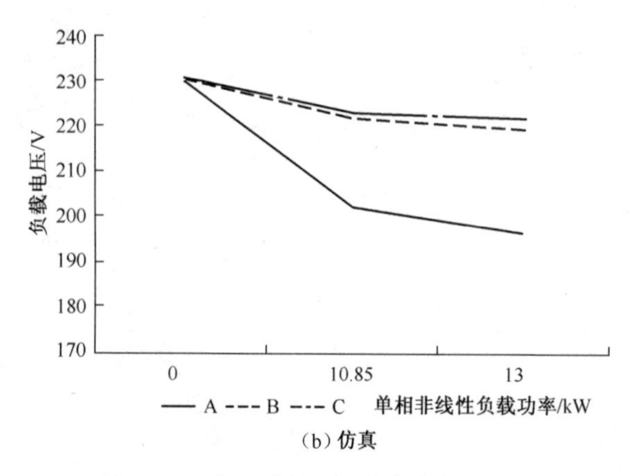

(b) 仿真

图 5-24 变压器低压母线负载电压波形

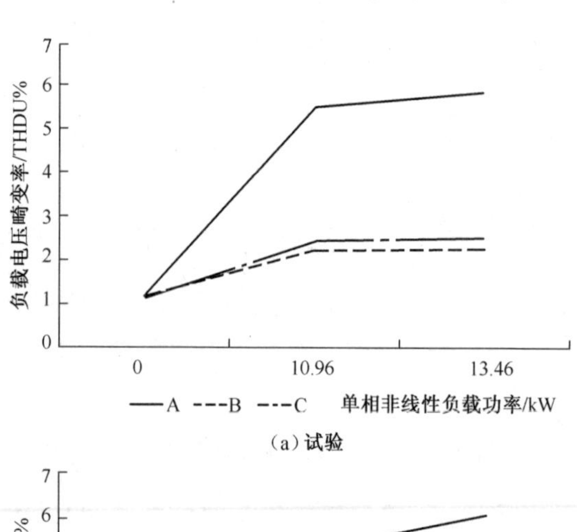

(a) 试验

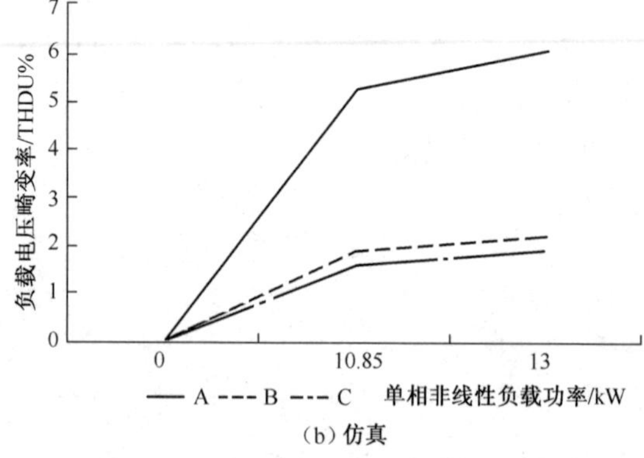

(b) 仿真

图 5-25 变压器低压母线负载电压畸变率

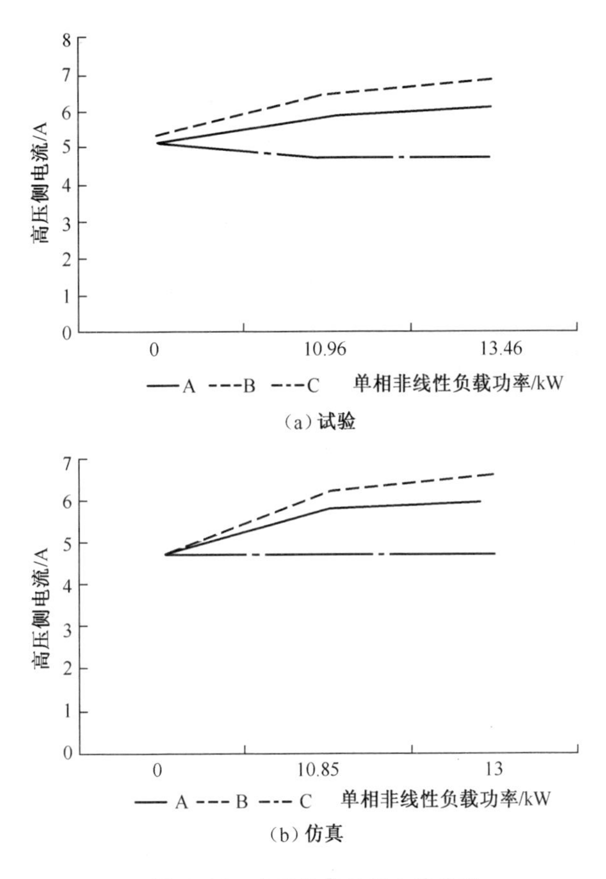

(a) 试验

(b) 仿真

图 5-26　变压器高压侧电流波形

由图 5-23(a)可知,加载非线性负载功率分别为 10.96kW、13.46kW 时,A 电流分别 186A、201.4A,图 5-23(b)仿真中 A 相整流器功率分别为 10.85kW、13.0kW 时,电流分别为 183A、200.5A,仿真值与试验值误差较小,可信度较高。

由图 5-24(a)、图 5-24(b)可知,随着 A 相整流器水电阻功率增大,A 相电压下将明显,同时 B、C 相电压也略有下降,仿真模型与试验得出的结论相符,说明变压器谐波仿真模型能够正确反映非线性负载不平衡时负载端电压变化趋势。

由图 5-25 可知，仿真与试验得出的负载电压畸变率能够实现很好地吻合，试验中 A 相电压畸变率增大后 B、C 相电压畸变率也相应略有增大，说明三相绕组之间存在相互耦合作用，并非相互独立的三相变压器组，仿真中也类同，说明该仿真模型在考虑变压器谐波阻抗的同时也能够如实体现三相绕组耦合。

由图 5-26(a) 可知，A 相谐波电流增大时，经变压器三角形绕组作用后高压侧 A、B 相电流均有增大，C 相电流保持不变；图 5-26(b) 与试验结果一致，但非线性负载功率为零(三相线性负载平衡)时，三相电流有效值较试验值偏小，这是由于试验用负载功率及测量系统本身存在误差，属于正常范围内误差。

经以上试验与仿真数据的对比说明结论如下：

(1) 高压互感器、低压互感器、数据采集模块能够有效采集试验原型系统电气参数，互感器测量原理设计正确，数据满足精度要求。

(2) 利用叠加原理重新考虑变压器各次谐波阻抗后，电压畸变率比 Simulink 模块库中的理想变压器模型明显增大，与试验数据更加吻合。

(3) 试验数据发现变压器谐波模型反映出变压器绕组谐波阻抗产生的压降较大，不可忽略，而传统理想模型未能体现这一点。

(4) 变压器谐波模型谐波传输特性与试验结果相符，对后续章节建立 IT_N 系统仿真模型、分析谐波传输特性及高压侧谐波电压电流规律奠定基础。

5.5 小　结

本章阐述了变压器传统模型基本原理，指出其不足，分析了非线性负载情况下谐波产生机理以及由谐波引起的变压器阻抗特性的变化；提出了采用谐波叠加原理建立变压器谐波模型的可行性，分析了基于空载与短路参数计算变压器阻抗的方法；借助拟合法计算变压器绕组谐波阻抗参数；在 Matlab/Simulink 环境下建立变压器谐波仿真模型并进行测试，与传统模型进行对比，解决了非线性负载功率的增加，变压器负载电压下降的问题;此外,还介绍了测量系统基本原理,进行了变压器带非线性负载试验,着重对变压器谐波模型带非线性负载仿真数据与试验数据进行对比剖析,验证了叠加原理建立变压器谐波模型的合理性,仿真模型与试验数据误差较传统变压器模型较小,能够模拟变压器实际运行的情况。

第6章　地下工程供电系统3倍次谐波研究

由于地下工程三相四线制供电系统可方便引接各类单相非线性负载，其中3倍次谐波作为系统的重要部分，探索其基本规律能够更深刻地认识谐波电流对供电系统的影响并采取必要的抑制措施。本章采用对称分量法和频域分析法，对非线性负载运行时3倍次谐波电流不对称原理以及在变压器中的传输机理进行探讨，并在前文基础上建立相应的仿真模型，最后利用试验原型系统设计试验，研究3倍次谐波电流在Dyn11连接的配电变压器中基本传输规律。

6.1　系统3倍次谐波分析

对三相四线制配电系统，负载侧带三相对称非线性负载时，3倍次谐波电流无通路，即不出现于线路中；负载侧带同类型等功率的3台单相非线性负载时，通常3倍次谐波电流相位相同，在中性导体中进行代数叠加；若各相非线性负载类型相同但功率差异较大，非线性负载种类不同或同一相加载多台非线性设备时，3倍次谐波电流将出现较大不平衡，下面将针对3倍次谐波电流对称和不对称的典型工况进行分析。

6.1.1　3倍次谐波对称工况分析

如图6-1所示，低压侧带单相线性负载、3台单相不可控整流器负载（非线性负载类型相同），各相整流器负载直流侧负载阻抗特性相同，功率相同，即认为是整流器交流侧阻抗特性相同，负载电压作用于整流器后产生的谐波电流保持传统傅里叶分析对各次谐波电流相位的描述，详见式（6-1）~式（6-3）。

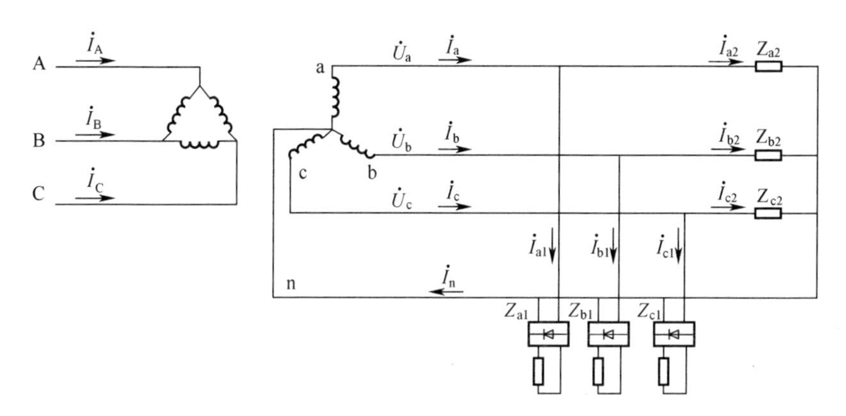

图 6-1　系统带非线性负载

经傅里叶分析得整流器交流侧谐波电流表达式如下：

$$i_{\mathrm{a}}(t) = I_1\cos(\omega t + \varphi_{\mathrm{a1}}) + I_3\cos(3\omega t + \varphi_{\mathrm{a3}}) + I_5\cos(5\omega t + \varphi_{\mathrm{a5}}) + I_7\cos(7\omega t + \varphi_{\mathrm{a7}}) + \cdots \tag{6-1}$$

$$\begin{aligned} i_{\mathrm{b}}(t) &= I_1\cos(\omega t + \varphi_{\mathrm{b1}} - 120^\circ) + I_3\cos(3\omega t - 360^\circ + \varphi_{\mathrm{b3}}) \\ &\quad + I_5\cos(5\omega t - 600^\circ + \varphi_{\mathrm{b5}}) + I_7\cos(7\omega t - 840^\circ + \varphi_{\mathrm{b7}}) + \cdots \\ &= I_1\cos(\omega t - 120^\circ + \varphi_{\mathrm{b1}}) + I_3\cos(3\omega t + \varphi_{\mathrm{b3}}) \\ &\quad + I_5\cos(5\omega t + 120^\circ + \varphi_{\mathrm{b5}}) + I_7\cos(7\omega t - 120^\circ + \varphi_{\mathrm{b7}}) + \cdots \end{aligned} \tag{6-2}$$

$$\begin{aligned} i_{c}(t) &= I_1\cos(\omega t + 120^\circ + \varphi_{\mathrm{c1}}) + I_3\cos(3\omega t + 360^\circ + \varphi_{\mathrm{c3}}) \\ &\quad + I_5\cos(5\omega t + 600^\circ + \varphi_{\mathrm{c5}}) + I_7\cos(7\omega t + 840^\circ + \varphi_{\mathrm{c7}}) + \cdots \\ &= I_1\cos(\omega t + 120^\circ + \varphi_{\mathrm{c1}}) + I_3\cos(3\omega t + \varphi_{\mathrm{c3}}) \\ &\quad + I_5\cos(5\omega t - 120^\circ + \varphi_{\mathrm{c5}}) + I_7\cos(7\omega t + 120^\circ + \varphi_{\mathrm{c7}}) + \cdots \end{aligned} \tag{6-3}$$

其中，3 倍次谐波电流相位关系如下：

$$\varphi_{\mathrm{a}3n} = \varphi_{\mathrm{b}3n} = \varphi_{\mathrm{c}3n}, n = 1,3,5,7,\cdots \tag{6-4}$$

零序谐波电流通路如图 6-2 所示，3 次谐波电流和 9 次谐波电流相量图如图 6-3 所示。

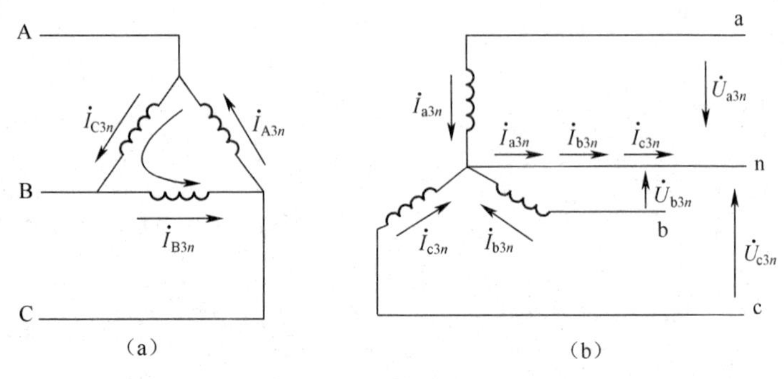

图 6-2　零序谐波电流通路

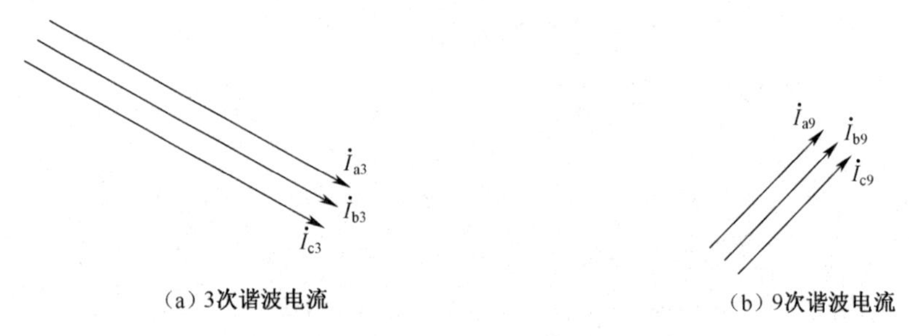

图 6-3　零序谐波电流相量图

由于相位相同,利用对称分量法可知,3 的整数次谐波电流正序和负序分量均为零,零序谐波与正负序分量法的零序分量相同,中性导体中 3 倍次谐波电流为 3 个方向相同的向量叠加,表达式如下:

$$\begin{aligned} i_n(t) &= i_a(t) + i_b(t) + i_c(t) \\ &= \sum_{n=1}^{\infty} I_{a3n}\cos(3n\omega t + \varphi_{a3n}) + \sum_{n=1}^{\infty} I_{b3n}\cos(3n\omega t + \varphi_{b3n}) \\ &\quad + \sum_{n=1}^{\infty} I_{c3n}\cos(3n\omega t + \varphi_{c3n}) \\ &= 3\sum_{n=1}^{\infty} I_{a3n}\cos(3n\omega t + \varphi_{a3n}), n = 1,3,5,7,\cdots \end{aligned} \tag{6-5}$$

高压侧零序谐波电流等效电路如图 6-4 所示,可见零序谐波电流并不会出现在高压侧线电流中,仅在高压侧三角形绕组内部环流。

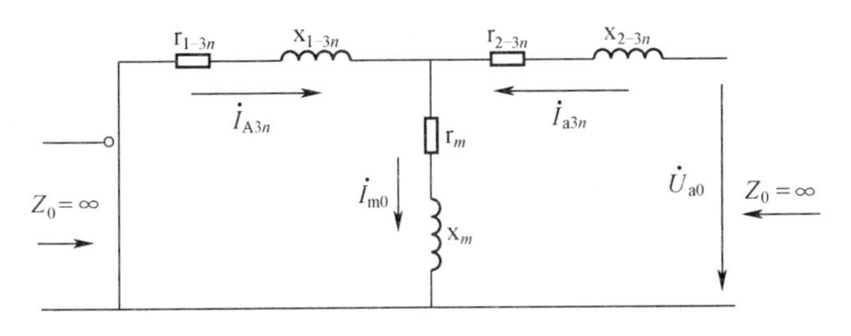

图 6-4 高压侧零序谐波电流等效电路

图 6-4 中：r_{1-3n}、x_{1-3n}为变压器初级绕组谐波电阻及等效谐波漏抗；r_{2-3n}、x_{2-3n}为变压器次级绕组谐波电阻及等效谐波漏抗；r_m、x_m为谐波励磁阻抗。

6.1.2 3 倍次谐波不对称工况分析

系统实际运行时一般为多台不同种类的非线性设备随机使用，以 3 台同类型不同功率的单相整流器负载运行为例；单相不控整流器负载模块频域模型等效为图 6-5 所示，电压、电流关系如下：

$$U(s)=Z_{\mathrm{NL}}(s)I(s) \tag{6-6}$$

式中：$U(s)$为非线性模块负载电压；$I(s)$为负载输入端口电流；$Z_{\mathrm{NL}}(s)$为包括负载阻抗在内的交流侧输入端等效非线性阻抗。

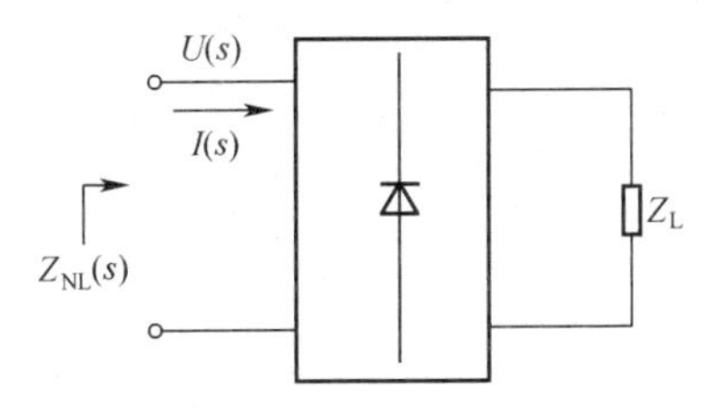

图 6-5 非线性负载输入阻抗

整流器直流侧负载 Z_{L}大小、负载阻抗特性（电阻、电容或电感）、直流滤波电容大小及半导体器件类型等因素的变化均会使 $Z_{\mathrm{NL}}(s)$发生改变，导致 $I(s)$发生非线性畸变，且每相畸变程度与大小也不尽相同，导致各相 3 倍次谐波电流相位变化更具有不确定性，但可以肯定的是三相中 3 倍次谐波电流相位相同的概率更小。以 3 次谐波为例，A、B、C 三相中电流相位如图 6-6 所示。

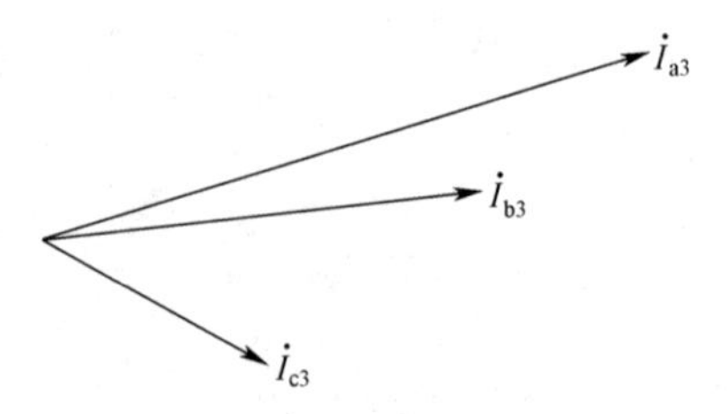

图 6-6　3 次谐波电流向量图

将各相 3 次谐波电流对称分解如下：

$$\begin{cases} \dot{I}_{a3}^{+} = \dfrac{1}{3}(\dot{I}_{a3} + \alpha\dot{I}_{b3} + \alpha^{2}\dot{I}_{c3}) \\ \dot{I}_{a3}^{-} = \dfrac{1}{3}(\dot{I}_{a3} + \alpha^{2}\dot{I}_{b3} + \alpha\dot{I}_{c3}) \end{cases} \tag{6-7}$$

$$\begin{cases} \dot{I}_{b3}^{+} = \alpha^{2}\dot{I}_{a3}^{+} \\ \dot{I}_{c3}^{+} = \alpha\dot{I}_{a3}^{+} \end{cases} \tag{6-8}$$

$$\begin{cases} \dot{I}_{b3}^{-} = \alpha\dot{I}_{a3}^{-} \\ \dot{I}_{c3}^{-} = \alpha^{2}\dot{I}_{a3}^{+} \end{cases} \tag{6-9}$$

$$\dot{I}_{a3}^{0} = \frac{1}{3}(\dot{I}_{a3} + \dot{I}_{b3} + \dot{I}_{c3}) = \dot{I}_{b3}^{0} = \dot{I}_{c3}^{0} \tag{6-10}$$

由于 3 倍次谐波电流也存在正序和负序分量，因此可采用变压器绕组正负序等效电路分析。变压器绕组为 Dyn11 连接，忽略励磁支路电流，绕组正序和负序等效电路如图 6-7 所示。

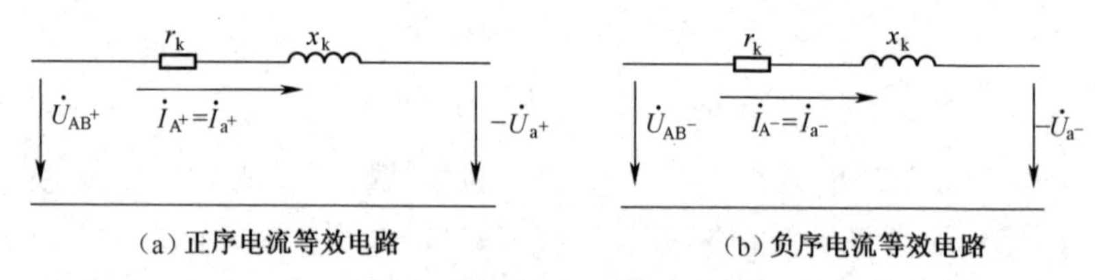

（a）正序电流等效电路　　（b）负序电流等效电路

图 6-7　变压器绕组等效电路

图中：r_k、x_k 为绕组序电阻及等效漏抗。

由图 6-7 可知绕组序电流：

$$\dot{I}_{AB3}^{+}=\dot{I}_{a3}^{+} \tag{6-11}$$

$$\dot{I}_{AB3}^{-}=\dot{I}_{a3}^{-} \tag{6-12}$$

$$\dot{I}_{AB3}^{0}=\dot{I}_{a3}^{0} \tag{6-13}$$

$$\dot{I}_{AB3}=\dot{I}_{a3}^{+}+\dot{I}_{a3}^{-}+\dot{I}_{a3}^{0}=\dot{I}_{a3} \tag{6-14}$$

$$\dot{I}_{A3}=\dot{I}_{AB3}-\dot{I}_{CA3}=\dot{I}_{a3}-\dot{I}_{c3} \tag{6-15}$$

同理:

$$\dot{I}_{B3}=\dot{I}_{BC3}-\dot{I}_{AB3}=\dot{I}_{b3}-\dot{I}_{a3} \tag{6-16}$$

$$\dot{I}_{C3}=\dot{I}_{CA3}-\dot{I}_{BC3}=\dot{I}_{c3}-\dot{I}_{b3} \tag{6-17}$$

此外,高压侧三相 3 倍次谐波线电流任一时刻相量和为零,即

$$\dot{I}_{A3}+\dot{I}_{B3}+\dot{I}_{C3}=\dot{I}_{a3}-\dot{I}_{c3}+\dot{I}_{b3}-\dot{I}_{a3}+\dot{I}_{c3}-\dot{I}_{b3}=0 \tag{6-18}$$

以上是 3 倍次谐波电流高压侧与低压侧基本规律,与之类同,3 的整数倍次谐波电流特性相似,可得出相同的结论。Dyn11 连接的变压器高压侧 3 倍次谐波电流流向如图 6-8 所示。

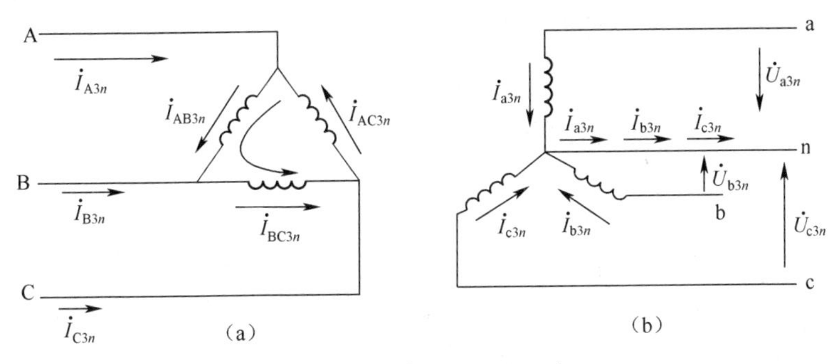

图 6-8　零序谐波电流通路

经推导发现,高压侧绕组为三角形连接的变压器,三角形绕组内部环流的 3 倍次谐波电流仅为其零序分量,各相非线性负载的 3 倍次谐波电流均同相位,即 3 倍次谐波只有零序分量,这在实际系统中出现的可能性较小。一般情况下,因为非线性负载类型及功率不同,变压器低压侧各相 3 倍次谐波电流大小不同,相位也不一致。因此,三角形连接的变压器高压侧线电流中必定存在零序谐波电流,但是各相线电流中

零序谐波电流之和总为零。

此外,非线性负载不对称情况下,利用傅里叶分析得7次、13次等谐波电流随非线性负载的不对称的加剧,三相各次谐波间相位可能是A相滞后B相一电角度;5次、11次、17次等三相各次谐波电流相位间也不存在反相序的关系,即非线性负载不对称条件各种设备输入端阻抗特性较为复杂,因此基波以上的各次谐波电流幅值不对称明显,相序变化不确定,已不再具备传统三相对称负载中正序性、负序性、零序性谐波的特点。可见若依然认为3倍次谐波电流不出现于高压侧从而不采取相关滤波措施,将导致注入高压电网谐波增大,造成谐波污染。

6.2 系统3倍次谐波仿真

在Matlab/Simulink环境下建立IT_N系统谐波仿真模型(图6-9),针对理论推导建立了相应的仿真模型,分析了非线性负载情况下3倍次谐波电流在连接组别Dyn11的变压器中的传输规律。

6.2.1 3倍次谐波对称仿真

调整各台单相非线性负载直流侧功率为5.85kW;三相非线性负载直流侧功率为29.2kW,低压侧与高压侧3次谐波电流波形如图6-10、图6-11所示。

由图6-10看出0.03s之后仿真进入稳态,t_1时低压母线三相3次谐波电流幅值大小相等,相位相同,中性导体电流为三相3次谐波电流叠加;由图6-11看出0.03s之后高压侧3次谐波电流为零。9次、15次谐波电流现象也类同,不再描述。

以上仿真表明,在上述非线性负载配置情况下3的整数倍次谐波电流在变压器高压侧三角形绕组内部环流不出现在高压侧线电流中,与理论分析相同。

6.2.2 3倍次谐波不对称仿真

保持线性负载功率不变,调整非线性负载直流侧功率使得单相直流侧功率分别为26.5kW、8.2kW、2.41kW,三相非线性负载直流侧功

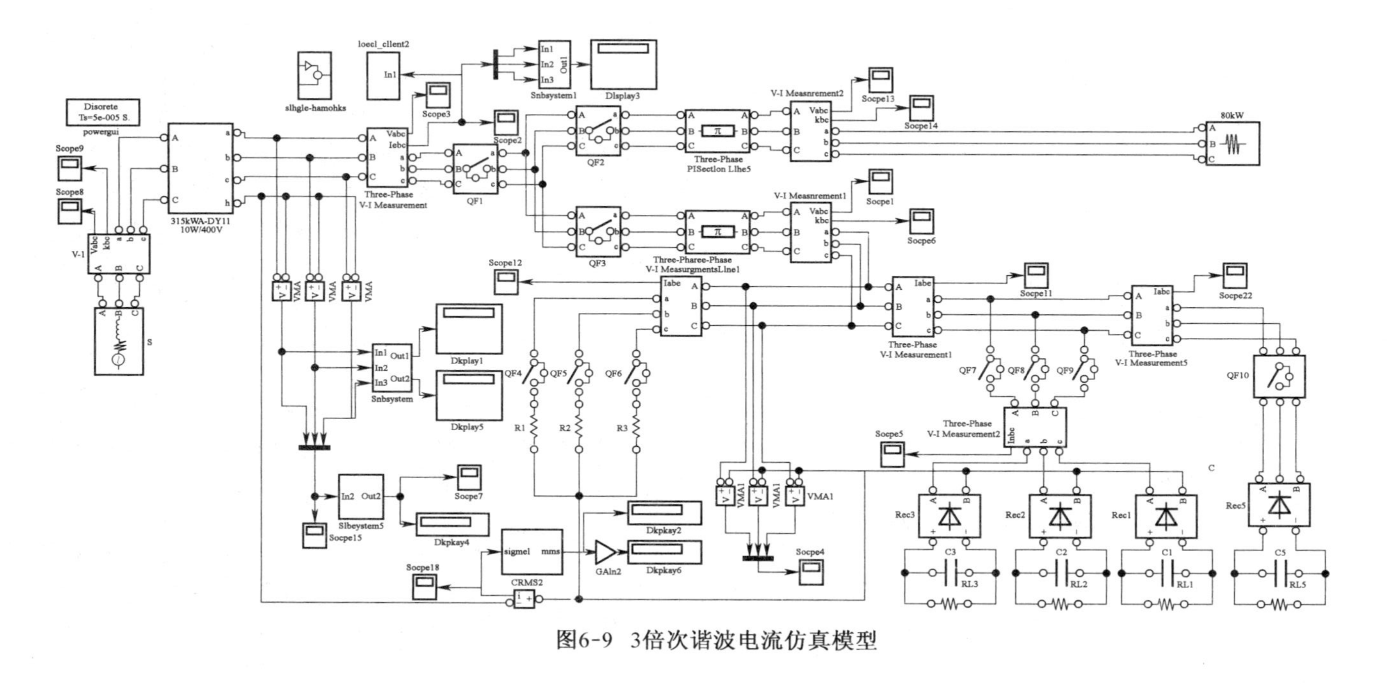

图6-9　3倍次谐波电流仿真模型

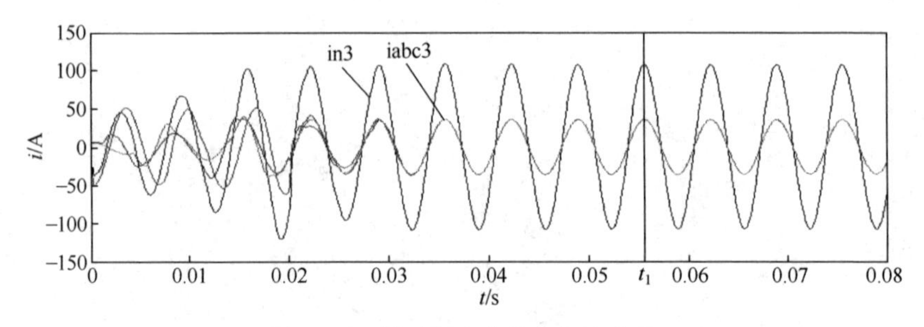

图 6-10　低压侧 3 次谐波电流波形

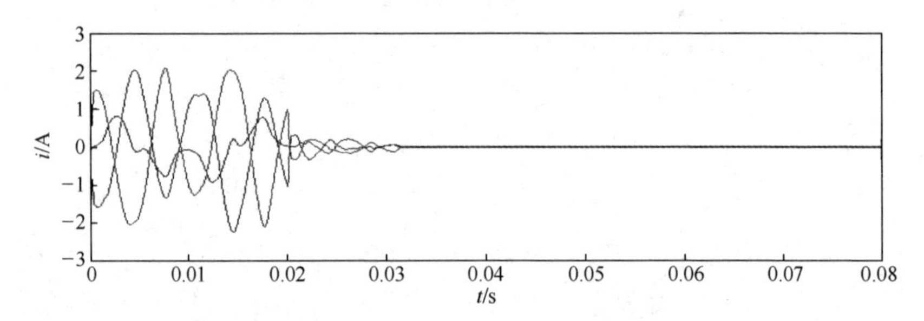

图 6-11　高压侧 3 次谐波电流波形

率为 29. 2kW；模拟低压母线处各相 3 倍次谐波电流不平衡工况，变压器低压母线电流、电压波形如图 6-12 所示。

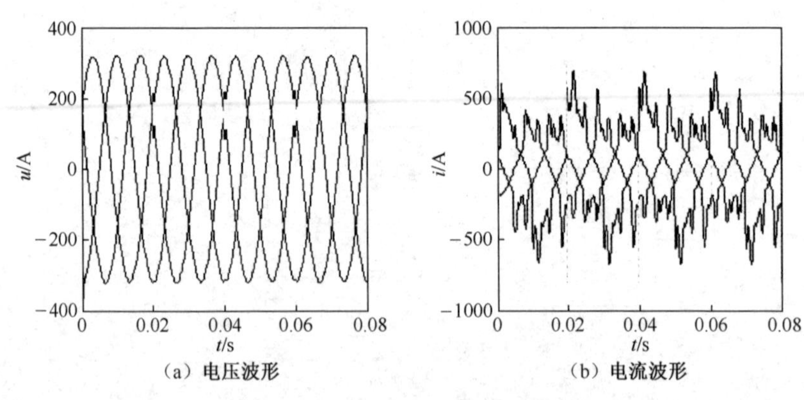

图 6-12　变压器低压母线电流、电压波形

变压器低压侧 3 次与 9 次谐波电流波形分别如图 6-13 和图 6-14

所示；变压器高压侧 3 次谐波电流波形和电流相位分布如图 6-15 和图 6-16 所示。

由图 6-13 可看出，0.03s 后系统进入稳态运行，各相 3 次谐波电流幅值因非线性负载功率不同而不同，且 0.062s 时刻各相谐波电流相位发生明显偏移，中性导体电流为三者任意时刻向量叠加；同理，图 6-14 中 9 次谐波电流相位及幅值不对称更直观，说明同类型的非线性负载功率改变导致其阻抗特性发生的变化使得某一次谐波电流幅值及相位都产生较大偏移。由图 6-15 知高压侧 3 次谐波电流较大（与高压侧基波电流相比），图 6-16 中 3 次谐波含有率分别为 13.1%，9.1%，4.8%，结合式（6-18）分析知高压侧各相 3 次谐波电流向量和为零；9 次、15 次谐波电流规律相同，不再赘述。

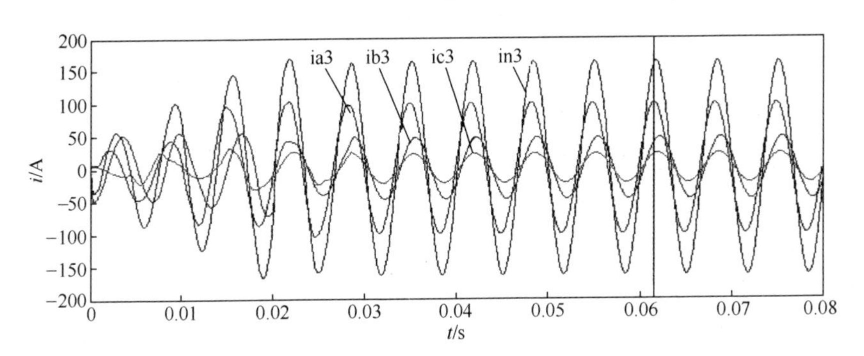

图 6-13　变压器低压侧 3 次谐波电流波形

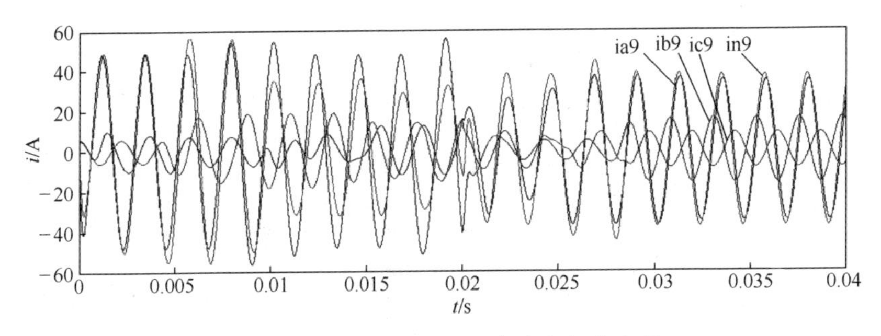

图 6-14　变压器低压侧 9 次谐波电流波形

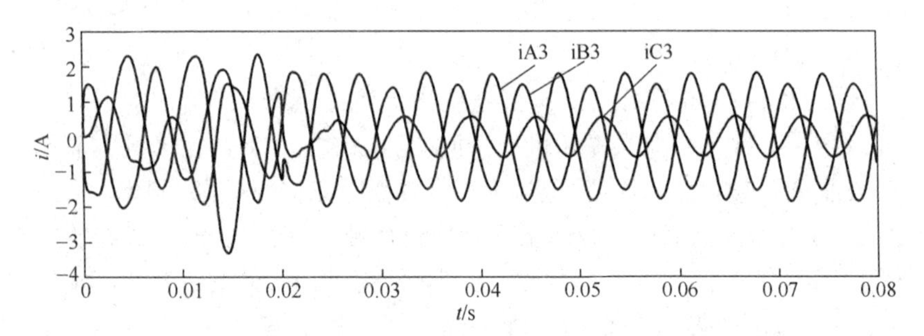

图 6-15　变压器高压侧 3 次谐波电流波形

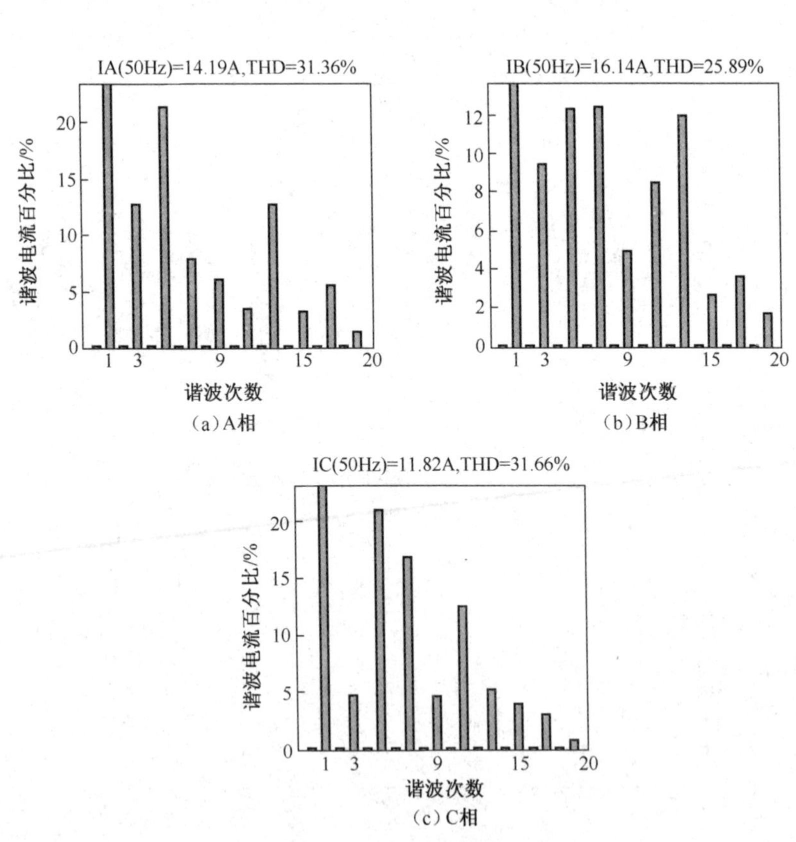

图 6-16　变压器高压侧 3 次谐波电流相位分布

6.3　系统3倍次谐波试验

6.3.1　试验原理

1. 试验方案

试验原理如图6-17所示。负载配置如下：

三相电阻箱负载：模拟三相对称线性负载；

三相不控整流器+水电阻负载1台，交流侧最大输入电流为500A，模拟三相对称非线性负载；

三组单相不控整流器+水电阻负载3台，交流侧最大输入电流为200A，模拟单相非线性负载。

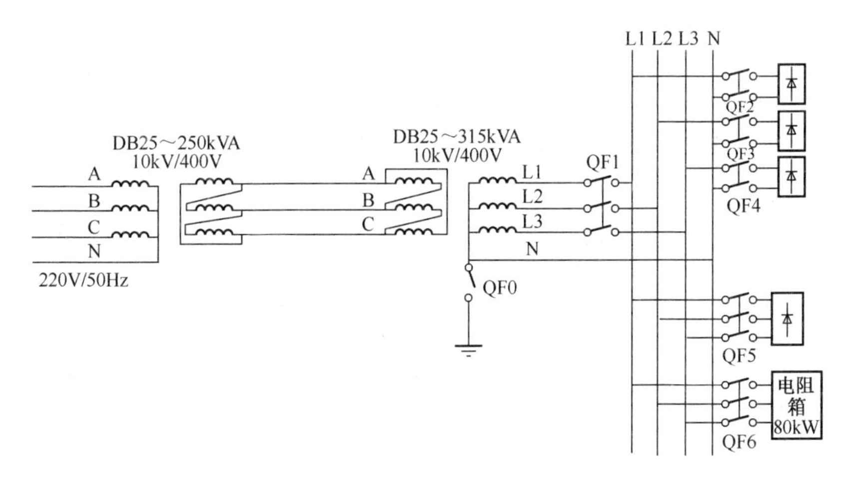

图6-17　系统3倍次谐波试验原理图

2. 试验内容

闭合开关QF1、QF2、QF3、QF4、QF5、QF6；控制水电阻铜排插入水电阻高度，使3台单相整流器直流侧功率大致相同，分别为13.3kW、12.7kW、11.7kW；三相不控整流器直流功率为36.1kW；模拟单相非线性负载类型相同直流功率相等情况进行试验。

闭合开关QF1、QF2、QF6，电阻箱功率80kW；调整A相水电阻功率为 13.46kW，模拟各相非线性负载功率不同的情况进行试验。

6.3.2 试验结果分析

1. 各相均加载单相非线性负载

低压侧母线电流波形如图 6-18 所示。

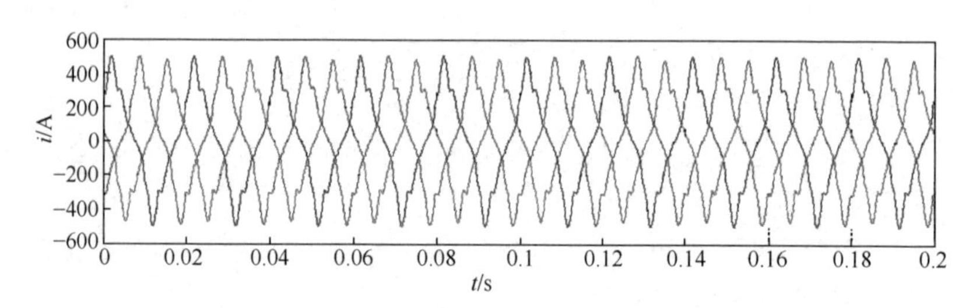

图 6-18 低压侧母线电流波形

低压侧 3 次谐波电流波形如图 6-19 所示，可看出 0.02s 后系统进入稳态运行，A、B、C 三相 3 次谐波电流相位相同，幅值略有差异，中性导体 3 次谐波电流为各相谐波电流在任意时刻的代数和相加，与仿真和理论分析结果相同。

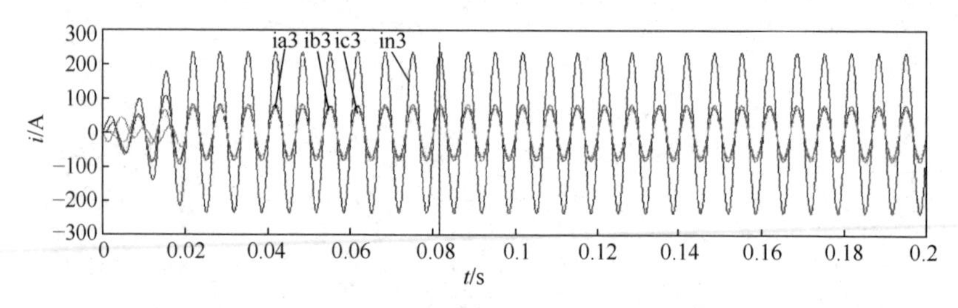

图 6-19 低压侧 3 次谐波电流波形

高压侧 3 次谐波电流波形如图 6-20 所示，约一周波后系统波形平稳，3 次谐波电流较小，与基波电流相比基本可以忽略。

上述分析表明，负载侧带同类型等功率的非线性负载运行时，低压侧各相 3 次谐波电流同相位，在中性导体上简单叠加，经 Dyn11 型变压器后在高压侧三角形绕组内环流，不会出现在变压器高压侧线电流中，具有很好的对称性。

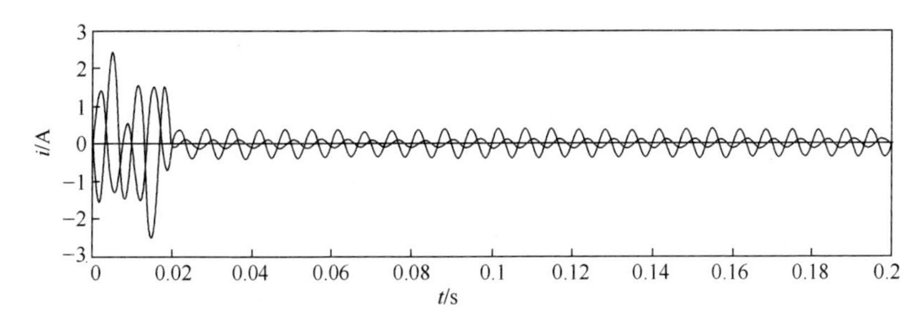

图 6-20　高压侧 3 次谐波电流波形

2. 三相对称线性负载功率不变,仅 A 相加载单相整流器

低压侧电流波形如图 6-21 所示。

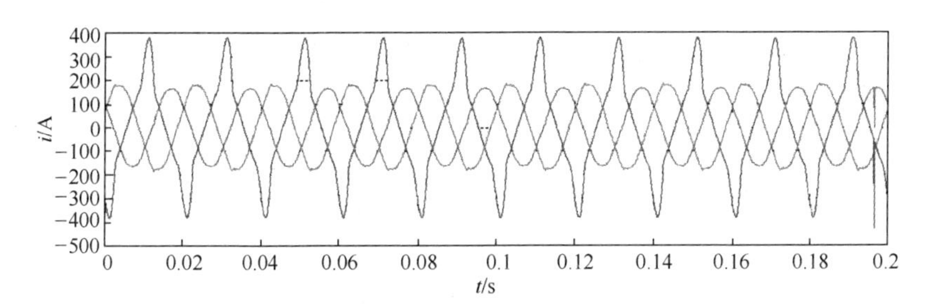

图 6-21　低压侧电流波形

低压侧 3 次谐波电流波形、高压侧 3 次谐波电流波形如图 6-22、图 6-23 所示。

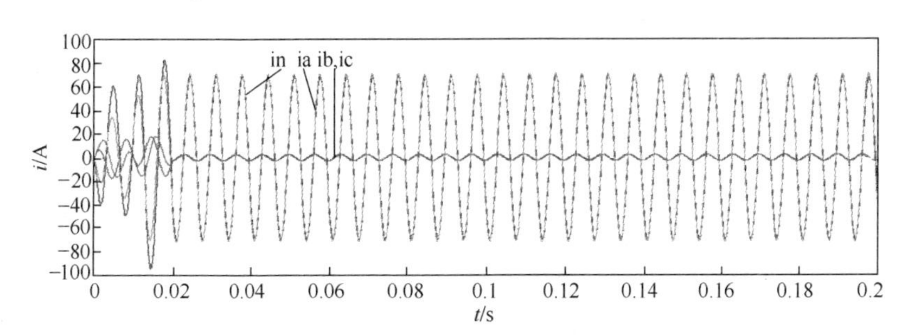

图 6-22　低压侧 3 次谐波电流波形

由图 6-22、图 6-23 可知,负载侧 A 相出现 3 次谐波电流,高压侧

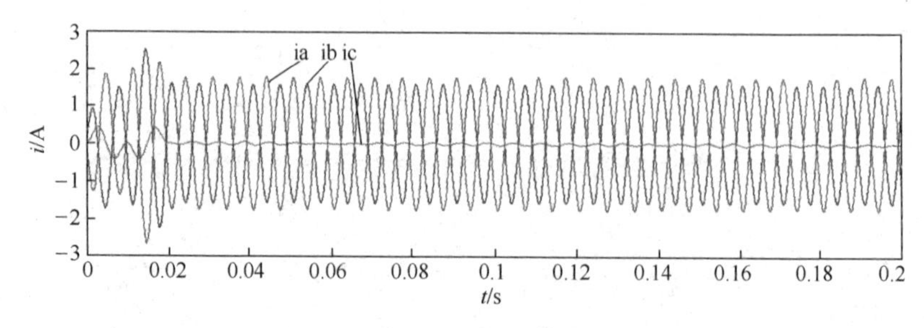

图 6-23　高压侧 3 次谐波电流波形

各相 3 次谐波含有率分别为 18.4%、18.6%、0.6%，主要集中于 A、B 相，且由图 6-23 看出二者电流反相位，即高压侧出现 3 次谐波电流且满足：

$$\dot{I}_{A3} + \dot{I}_{B3} + \dot{I}_{C3} = 0 \tag{6-19}$$

变压侧 3 次谐波电流分布如图 6-24 所示，与理论分析和仿真结果

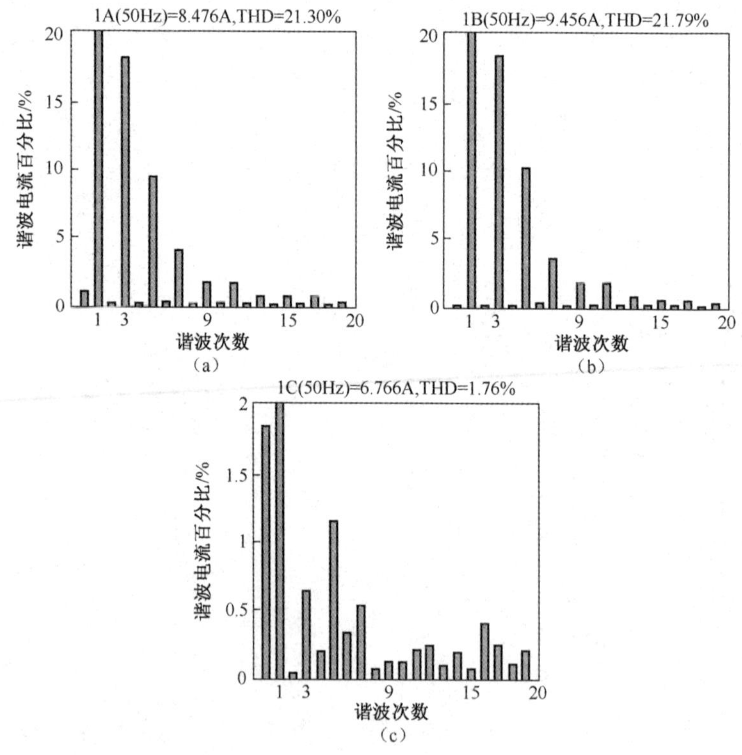

图 6-24　高压侧谐波电流分布

相同;此外9次、15次谐波均有出现,经分析其规律与3次谐波一致。

6.4 小　结

本章着重分析了非线性负载时3倍次谐波电流在Dyn11连接的变压器中传输规律,研究表明:非线性负载类型相同且直流侧功率相同时,低压侧各相3倍次谐波电流相位相同,中性导体中零序谐波电流上也是数量叠加;变压器高压侧3的整数倍次谐波电流均环流于三角形绕组内部;但非线性负载直流侧功率不同时,负载侧3的整数倍次谐波电流相位不对称严重,已不再是传统意义的“零序谐波电流”,在中性导体上表现为向量叠加,同时变压器高压侧线电流中也将出现3倍次谐波电流,且三相中向量和为零;针对该现象进行了仿真与试验研究,结果表明了理论分析的正确性。

第7章 谐波对柴油发电机组影响研究

地下工程供电系统的内电电源通常采用柴油发电机组,它是以柴油机为原动机,拖动同步发电机发电的一种电源设备,启动迅速、操作维修方便、投资少、对环境的适应性能较强,既能满足地下工程独立供电的要求,又能满足武器系统移动电源的需要,但是随着同步发电机组电枢电流中谐波成分逐渐增加,谐波对发电机组的影响也越来越明显,显著降低了柴油发电机组出力。本章从磁场的角度深入分析谐波对柴油发电机组输出功率的影响。

7.1 谐波对同步发电机影响分析

同步发电机是柴油发电机组的主要元件,电磁暂态和机电互动现象十分复杂,模型的建立和求解往往决定着仿真的精度和能够反映实际系统动态过程的程度,因而建立一个合适的考虑谐波因素同步发电机模型十分重要。

7.1.1 同步发电机电压方程

同步发电机带负载运行时,除了主极磁动势 F_f 之外,还有电枢磁动势 F_a,如果不计磁饱和,可利用叠加原理将主极磁动势和电枢磁动势产生的效果叠加起来。设主极磁动势和电枢磁动势各自产生主磁通 Φ_0 和电枢反应磁通 Φ_a,并在定子绕组内感应出相应的激磁电动势 E_0 和电枢反应电动势 E_a,向量相加后即可得到合成电动势 E;电枢各相电流将产生电枢漏磁通 Φ_σ,感应出漏磁电动势 E_σ,且 $E_\sigma=-\mathrm{j}IX_\sigma$,$X_\sigma$ 为电枢漏抗,即

$$
\begin{array}{ll}
\text{主极磁动势} & F_f \rightarrow \Phi_0 \rightarrow E_0 \\
\text{电枢磁动势} & F_a \rightarrow \Phi_a \rightarrow E_a \\
\text{漏磁磁动势} & I \times \text{常值} \rightarrow \Phi_\sigma \rightarrow E_\sigma
\end{array}
\quad E_0, E_a \rightarrow E
$$

以输出电流作为电枢电流的正方向，用气隙电动势 E 减去电枢绕组的电阻压降 IR_a 和漏抗压降 jIX_σ，可得电枢绕组的端电压 U，即电枢绕组的电压方程为

$$E_0 + E_a - I(R_a + jX_\sigma) = U \tag{7-1}$$

记 X_a 为与电枢反应磁通相应的电抗，称为电枢反应电抗，X_s 为隐极同步电机的同步电抗，$X_s = X_\sigma + X_a$，即

$$E_0 = U + IR_a + jIX_s \tag{7-2}$$

同步发电机等效电路如图 7-1 所示。

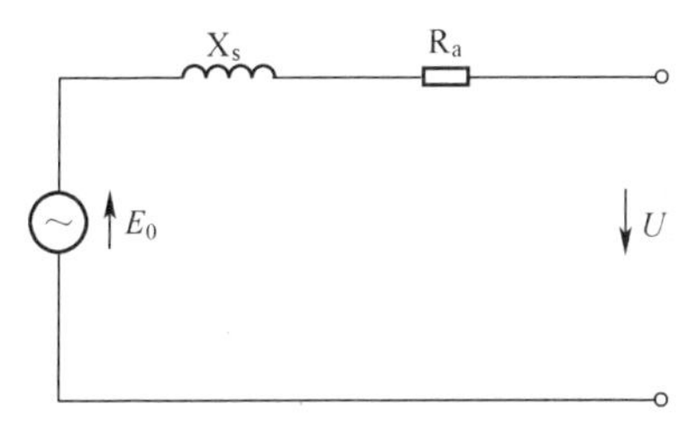

图 7-1　同步发电机等效电路

同步发电机带非线性负载时，电枢电流与带线性负载时相比，多出了谐波分量，这些谐波分量产生的磁动势会影响发电机的电枢反应，由于电枢绕组的电阻和感抗的存在，还会使发电机输出的端电压发生畸变。对于隐极型同步发电机，其内部的电磁关系如图 7-2 所示。

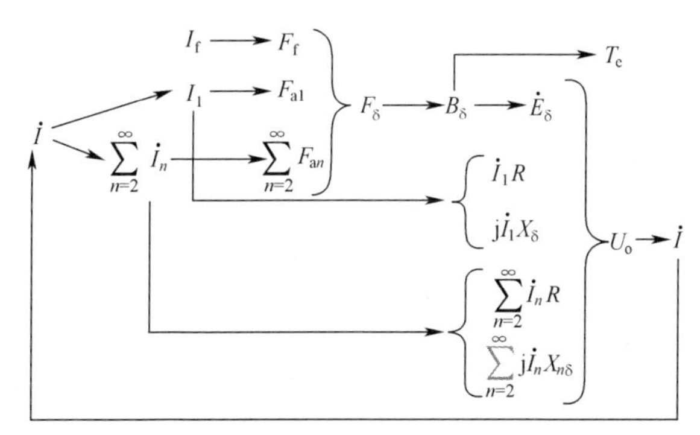

图 7-2　电枢电流含谐波分量后的电磁关系

同步发电机输出端电压 U_0，产生含有基波和谐波的电流 I，对电流 I 进行傅里叶分解，基波分量 I_1 在电机中产生磁动势 F_{a1}，谐波分量 I_n 也会产生磁动势 F_{an}。该磁动势叠加在原磁动势上，会改变原有电枢反应形式，使总磁动势 F_δ 产生脉动，进而引起电磁转矩和总电动势 E_δ 的脉动。磁动势可表示为

$$F_\delta = F_f + F_{a1} + \sum_{n=2}^{\infty} F_{an} \tag{7-3}$$

考虑电流基波和谐波经电枢绕组产生的电压降，输出电压可表示为

$$U_o = E_\delta - \dot{I}_1(R + jX_\delta) - \sum_{n=2}^{\infty} \dot{I}_n(R + jX_{n\delta}) \tag{7-4}$$

7.1.2 同步发电机数学模型

同步发电机是由定子和转子两个部件构成，除了部分小型同步电动机外，三相电枢绕组都嵌在定子的槽中，产生激励磁场的磁极则装在转子轴上，转子的结构有凸极和隐极两种形式。柴油发电机等高转速同步电机采用隐极式转子，它由锻钢构成，呈圆柱形，表面槽中装有分布式励磁绕组，大多只有一对极，隐极转子不设阻尼绕组，因为钢转子中的涡流效应有很强的阻尼作用，可看作有无限多个阻尼线圈。

在研究同步电机特性时，常略去一些次要因素，采用如下的假设。

(1) 电机各磁路的导磁系数为常数，即认为铁芯是不饱和的。

(2) 定子三相绕组的结构完全相同，空间位置彼此相距 120 电角度；转子的铁芯及绕组对极中心轴和极间轴完全对称。

(3) 定子和转子各绕组基波电流在气隙中产生的磁势和磁感应强度都是按正弦规律分布的。

(4) 定子和转子的槽不影响各绕组的电感。

柴油发电机组由柴油机和同步发电机组组成，各参数之间相互耦合，建立模型的过程较为复杂。同步发电机工作过程可分机电暂态过程和电磁暂态过程，分别建立相应的数学模型，而后建立统一的同步发电机的数学模型。柴油发电机组电磁暂态过程的数学模型又

包括定子电压平衡方程式和转子各绕组电磁暂态方程式,为便于分析,作如下进一步简化:忽略定子绕组暂态,仅考虑正序分量对发电机暂态过程的影响,略去派克方程中的零轴磁链电压方程。基于此,文献[77]建立了柴油发电机组机电暂态过程和电磁暂态过程的数学模型:

$$\frac{\mathrm{d}\delta}{\mathrm{d}t} = (\omega - 1)\omega_0 \tag{7-5}$$

$$\frac{\mathrm{d}\omega}{\mathrm{d}t} = \frac{T_\mathrm{b}}{T_\mathrm{a}}\omega + \frac{c_1}{T_\mathrm{a}} + \frac{c_2}{T_\mathrm{a}}L - \frac{1}{T_\mathrm{a}}\frac{E'_\mathrm{q}U}{X'_\mathrm{d}}\sin\delta - \frac{1}{T_\mathrm{a}}\frac{U^2}{2}\frac{X'_\mathrm{d} - X_\mathrm{q}}{X'_\mathrm{d}X_\mathrm{q}}\sin 2\delta \tag{7-6}$$

$$\frac{\mathrm{d}E'_\mathrm{q}}{\mathrm{d}t} = \frac{1}{T_\mathrm{d0}}E_\mathrm{fd} - \frac{1}{T_\mathrm{d0}}E'_\mathrm{q} - \frac{X_\mathrm{d} - X'_\mathrm{d}}{T_\mathrm{d0}}I_\mathrm{d} \tag{7-7}$$

$$\frac{\mathrm{d}E''_\mathrm{q}}{\mathrm{d}t} = \frac{c}{T_\mathrm{d0}}E_\mathrm{fd} + \left(\frac{1}{T''_\mathrm{d0}} - \frac{c}{T_\mathrm{d0}}\right)E'_\mathrm{q} - \frac{1}{T''_\mathrm{d0}}E''_\mathrm{q} - \left(\frac{X'_\mathrm{d} - X''_\mathrm{d}}{T''_\mathrm{d0}} + \frac{cX_\mathrm{d} - cX'_\mathrm{d}}{T_\mathrm{d0}}\right)I_\mathrm{d} \tag{7-8}$$

$$\frac{\mathrm{d}E''_\mathrm{d}}{\mathrm{d}t} = -\frac{1}{T''_\mathrm{q0}}E''_\mathrm{d} + \frac{X_\mathrm{q} - X''_\mathrm{q}}{T''_\mathrm{q0}}I_\mathrm{q} \tag{7-9}$$

$$U_\mathrm{d} = -RI_\mathrm{d} + \omega X''_\mathrm{q}I_\mathrm{q} + \omega E''_\mathrm{d} \tag{7-10}$$

$$U_\mathrm{q} = -RI_\mathrm{q} - \omega X''_\mathrm{d}I_\mathrm{d} + \omega E''_\mathrm{q} \tag{7-11}$$

$$U = \sqrt{U_\mathrm{d}^2 + U_\mathrm{q}^2} \tag{7-12}$$

其中,$T_\mathrm{a} = \dfrac{J\omega_\mathrm{g0}^2}{S_\mathrm{B}}$ $T_\mathrm{b} = \dfrac{60k_1\omega_\mathrm{g0}^2 - 2\pi K_\mathrm{P}\omega_\mathrm{g0}^2}{2\pi S_\mathrm{B}}$ $c = \dfrac{X''_\mathrm{d} - X_\mathrm{l}}{X'_\mathrm{d} - X_\mathrm{l}}$ $c_1 = \dfrac{d_1\omega_\mathrm{g0}}{S_\mathrm{B}}$ $c_2 = \dfrac{a\omega_\mathrm{g0}}{S_\mathrm{B}}$ $\omega_\mathrm{g0} = 100\pi/p$。

式中:U 为定子绕组端电压;U_d、U_q分别为 d 轴和 q 轴分量;R 为定子绕组电阻;X 为绕组电抗;I 为绕组电流;T 为各绕组时间常数;E_q 为 q 轴电势;E'_q 为 q 轴暂态电势,E''_q 为 q 轴次暂态电势,E_fd 为励磁绕组电压。

同步发电机 d-q 轴等效电路如图 7-3 所示。

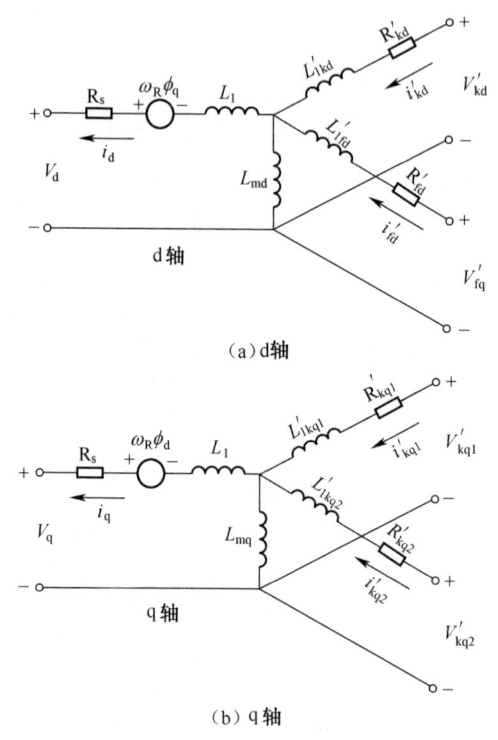

图 7-3　同步发电机 d-q 轴等效电路

7.2　谐波脉动转矩分析

谐波脉动转矩由谐波在电机中产生的磁场与基波磁场相互作用产生，瞬时值具有时变特性，是同步发电机产生噪声、低速运行不稳定的主要原因。通过分析谐波存在时对磁场的影响和对磁动势的影响来探究谐波脉动转矩产生的机理。

7.2.1　谐波电流产生的旋转磁动势分析

在理想的三相电力系统中，谐波相电压、相电流呈对称分布，各相谐波在时间上相差 $T/3$（T 为工频基波频率），即电网中 n 次谐波电流可表示为

$$
\begin{cases}
i_{an} = \sqrt{2} I_n \sin(n\omega_0 t + \theta_n) \\
i_{bn} = \sqrt{2} I_n \sin(n\omega_0 (t - T/3) + \theta_n) \\
i_{cn} = \sqrt{2} I_n \sin(n\omega_0 (t + T/3) + \theta_n)
\end{cases}
\tag{7-13}
$$

任意谐波分量均可认为是 3 个对称分量的叠加,即 n 次谐波的对称分量中正序、负序和零序分量分别为

$$
\begin{cases}
i_{n+}(t) = \dfrac{\sqrt{2}}{3} I_n \sin(n\omega_0 t + \theta_n)\left[1 + 2\cos\dfrac{2\pi(n-1)}{3}\right] \\
i_{n-}(t) = \dfrac{\sqrt{2}}{3} I_n \sin(n\omega_0 t + \theta_n)\left[1 + 2\cos\dfrac{2\pi(n+1)}{3}\right] \\
i_{n0}(t) = \dfrac{\sqrt{2}}{3} I_n \sin(n\omega_0 t + \theta_n)\left[1 + 2\cos\dfrac{2\pi n}{3}\right]
\end{cases}
\tag{7-14}
$$

当 $n = 3k(k = 0,1,2,\cdots)$ 时,零序分量不为零,即 3 次及 3 的倍数次谐波为零序;

当 $n = 3k + 1(k = 0,1,2,\cdots)$ 时,正序分量不为零,即 4 次、7 次、10 次等谐波电流与基波电流相序一致;

当 $n = 3k - 1(k = 0,1,2,\cdots)$ 时,负序分量不为零,即 5 次、8 次、11 次等谐波电流与基波电流相序相反;

文献[79]推导了三相绕组的基波合成磁动势,同理,在三相对称系统中,若只考虑磁动势的有功分量,n 次谐波电流在三相绕组中产生的谐波磁动势可表示为

$$
f_{an}(\alpha,t) = F_{\phi 1}\cos(n\omega_0 t + \theta_n)\cdot\cos\alpha \tag{7-15}
$$

$$
f_{bn}(\alpha,t) = F_{\phi 1}\cos\left(n\omega_0 t - \frac{2n\pi}{3} + \theta_n\right)\cdot\cos\left(\alpha - \frac{2\pi}{3}\right) \tag{7-16}
$$

$$
f_{cn}(\alpha,t) = F_{\phi 1}\cos\left(n\omega_0 t + \frac{2n\pi}{3} + \theta_n\right)\cdot\cos\left(\alpha + \frac{2\pi}{3}\right) \tag{7-17}
$$

式中:$F_{\phi 1}$ 为磁动势有功分量幅值;ω_0 为基波电流角速度;θ_n 为 n 次谐波的初始相位;α 为空间电角度。

n 次谐波电流产生的总磁动势为

$$
\begin{aligned}
f_n(\alpha,t) &= f_{an}(\alpha,t) + f_{bn}(\alpha,t) + f_{cn}(\alpha,t) \\
&= F_{\phi 1}\cos(n\omega_0 t + \theta_n)\cdot\cos\alpha +
\end{aligned}
$$

$$F_{\phi 1}\cos\left(n\omega_0 t-\frac{2n\pi}{3}+\theta_n\right)\cdot\cos\left(\alpha-\frac{2\pi}{3}\right)$$

$$+F_{\phi 1}\cos\left(n\omega_0 t+\frac{2n\pi}{3}+\theta_n\right)\cdot\cos\left(\alpha+\frac{2\pi}{3}\right) \tag{7-18}$$

将式(7-18)等号右端的每一项利用“余弦函数积化和差”的规则分解为两项,得

$$f_n(\alpha,t)=\frac{1}{2}F_{\phi 1}\cos(n\omega_0 t-\alpha+\theta_n)+\frac{1}{2}F_{\phi 1}\cos\left[n\omega_0 t-\alpha+\frac{2(n-1)\pi}{3}+\theta_n\right]$$

$$+\frac{1}{2}F_{\phi 1}\cos\left[n\omega_0 t-\alpha-\frac{2(n-1)\pi}{3}+\theta_n\right]+F_{\phi 1}\cos(n\omega_0 t+\alpha+\theta_n)$$

$$+F_{\phi 1}\cos\left[n\omega_0 t+\alpha-\frac{2(n+1)\pi}{3}+\theta_n\right]+F_{\phi 1}\cos\left[n\omega_0 t+\alpha+\frac{2(n+1)\pi}{3}+\theta_n\right] \tag{7-19}$$

对谐波次数 n 进行分类,并代入方程。

(1)当 n 为 3 次及 3 的倍数次谐波时,将 $n=3k,k=1,2,3,\cdots$ 代入式(4-19),得

$$f_n(\alpha,t)=0 \tag{7-20}$$

即 3 次及 3 的倍数次谐波产生的总谐波磁动势为零,对总磁动势运行轨迹没有影响。

(2)当 $n=3k+1,k=1,2,3,\cdots$, 代入式(4-19),得

$$f_n(\alpha,t)=\frac{3}{2}F_{\phi 1}\cos(n\omega_0 t-\alpha+\theta_n) \tag{7-21}$$

此时磁动势的旋转方向与转子相同,与基波磁动势叠加后形成的总磁动势运行轨迹将会有变动。

(3)当 $n=3k-1(k=1,2,3,\cdots)$,代入式(4-19),得

$$f_n(\alpha,t)=\frac{3}{2}F_{\phi 1}\cos(n\omega_0 t+\alpha+\theta_n) \tag{7-22}$$

此时磁动势的旋转方向与转子相反,与基波磁动势叠加后形成的总磁动势运行轨迹也将会有变动。

由分析可得,不同成分的谐波产生的磁动势是不同的,不同次谐波引起的同步电机内磁动势旋转方向不同,如表 7-1 所列。

表 7-1 不同次谐波产生的磁动势旋转方向

谐波次数	2	3	4	5	6	7	8	9	10	11	12	13
旋转方向	—	/	+	—	/	+	—	/	+	—	/	+

表中,"+"表示谐波磁动势的转向与基波磁动势转向相同,"—"表示谐波磁动势的转向与基波磁动势转向相反。

上述结果表明,$3k+1$ 次为正序谐波电流,在定子中产生与转子旋转方向相同的旋转磁场,其旋转速度为基波的 $3k+1$ 倍,相当于转子以 $3k+1-1=3k$ 倍基波转速切割磁场,进而在转子绕组中感应出频率为 $3k$ 的谐波电流;$3k-1$ 次为负序谐波电流,在定子中产生与转子旋转方向相反的旋转磁场,其转速为基波的 $3k-1$ 倍,相当于转子以 $3k-1+1=3k$ 倍基波转速切割磁场,进而在转子绕组中感应出频率为 $3k$ 的谐波电流。

7.2.2 总磁动势变化规律

若负载是三相对称的,则同步发电机带上负载后,电枢三相绕组中将流过对称的三相电流,此时电枢绕组就会产生电枢磁动势及相应的电枢磁场,电枢电流中的基波电流将产生旋转的磁动势和磁场,并与转子的主磁场保持相对静止。此时发电机内部的电枢反应的相量图如图 7-4 所示。

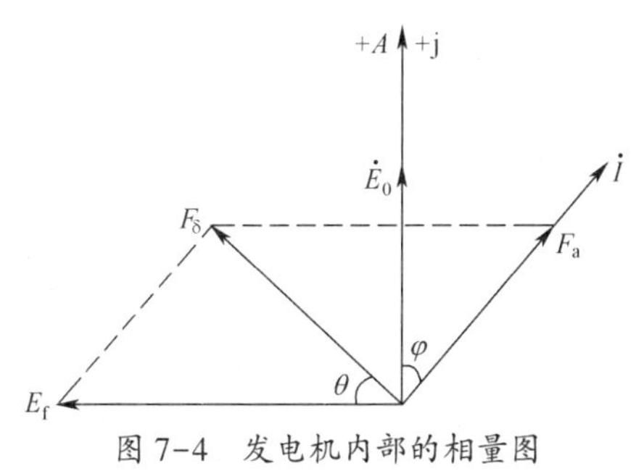

图 7-4 发电机内部的相量图

若负载是非线性的,则同步发电机带上负载后,电枢三相绕组中流过的畸变的电流,此时除基波产生的磁动势和磁场外,谐波也将产生磁动势和磁场,且谐波磁动势与转子的主磁场有相对运动。在以转子产生的主磁场为基准的旋转坐标系内,根据各个磁动势之间的角度差,在某时刻各磁动势间相对空间位置如图 7-5 所示。

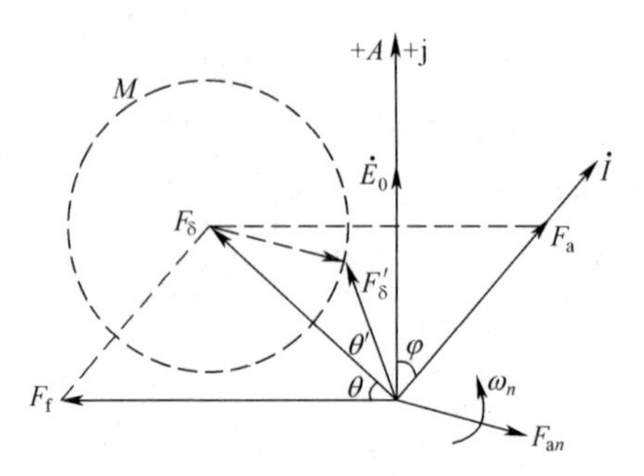

图 7-5　电枢电流畸变时电枢反应

图中, F_δ 为基波磁动势, F_δ' 为包括基波磁动势和谐波磁动势的总磁动势,M 为总磁动势运动轨迹。

此时,总磁动势可表示为

$$F_\delta' = F_\delta + \sum_{n=2}^{\infty} F_n \tag{7-23}$$

该磁动势由一个恒定分量(基波磁动势)和若干个脉动分量(谐波磁动势)组成,各次谐波含量的变化导致总谐波磁动势不恒定,是时变的参量,谐波磁动势产生谐波脉动转矩,将引起转轴电磁转矩的脉动。

在以转子产生的主磁场为基准的旋转坐标系中,单次谐波引起的谐波磁动势以$(n-1)\omega$ 的角速度做圆周运动,和基波磁动势叠加后的总磁动势的运动轨迹是圆形如图 7-6 所示。但若谐波磁动势是不同谐波阶次或谐波电流中各次谐波含量的不同而引起的,那么谐波磁动势的运动轨迹不再是圆形,也会改变总磁动势的运动轨迹。

为了进一步说明总磁动势的运行轨迹,选择在静止坐标系中分析。在静止坐标系中,基波磁动势以 ω 的角速度运行,谐波磁动势分不同类型分析。

1. 电枢电流只含基波

若电枢电流中只含有基波,没有谐波成分,则基波磁动势就是总磁动势,电枢电流的表达式为

$$i = \sqrt{2} I_1 \sin(\omega t + \varphi_1) \tag{7-24}$$

总磁动势在静止坐标系中运行轨迹为圆形，用标幺值来表示，如图 7-6所示。

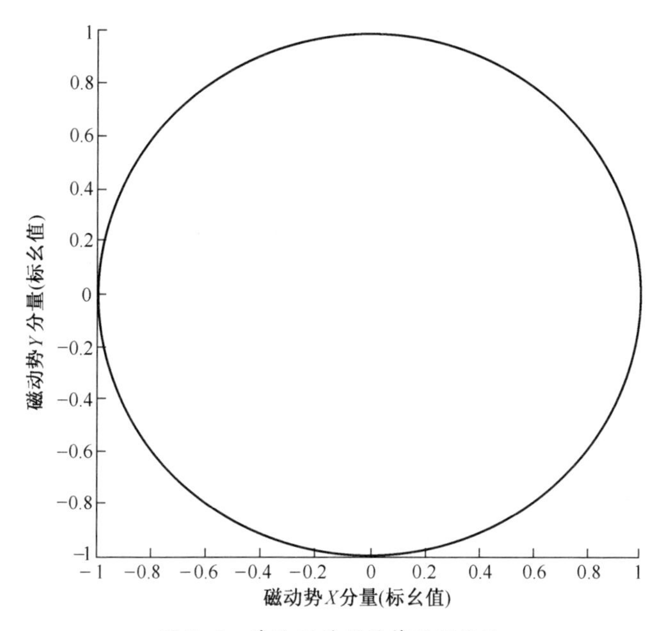

图 7-6　基波下总磁动势运行轨迹

2. 电枢电流中只含有单次谐波

若电枢电流中只含有 5 次谐波，经过傅里叶分解后电枢电流的表达式为

$$i = \sqrt{2}I_1\sin(\omega t + \varphi_1) + \sqrt{2}I_5\sin(5\omega t + \varphi_5) \qquad (7\text{-}25)$$

在静止坐标系中，若基波以逆时针 ω 的角速度运行，5 次谐波则以顺时针 5ω 的角速度运行，叠加 5 次谐波引起的谐波磁动势后，总磁动势的运动轨迹不再是圆形；在 5 次谐波含量不同时，即 5 次谐波电流含有率（Harmonic Ratio In，HRI_n）不同时，总磁动势偏离圆形的程度也不同。由单台非线性负载谐波特性分析可知，5 次谐波电流含有率随各项参数的变化而不等，选取 HRI_5 为 10%、20%、30%、40%时，仿真分析总磁动势在静止坐标系下运行轨迹，如图 7-7 所示。

由图 7-7 可知，5 次谐波含量越大，即 5 次谐波电流越大，谐波磁动势越大，导致总磁动势畸变程度变大，相应产生的转矩脉动程度

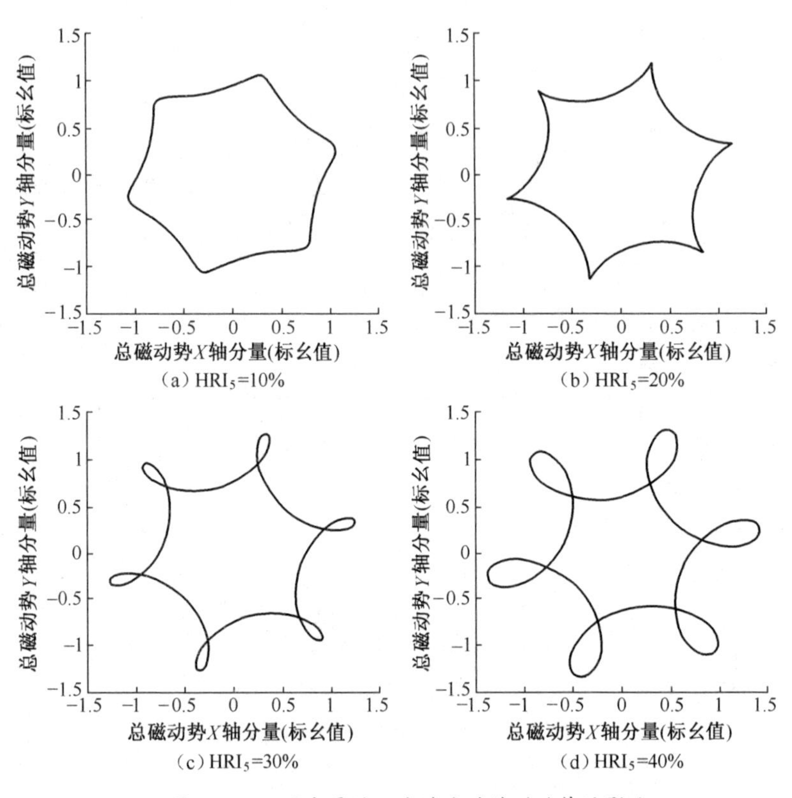

图 7-7　不同含量的 5 次谐波对总磁动势的影响

越大。

若电枢电流中只含有 7 次谐波,则经过傅里叶分解后电枢电流的表达式为

$$i = \sqrt{2}I_1\sin(\omega t + \varphi_1) + \sqrt{2}I_7\sin(7\omega t + \varphi_7) \tag{7-26}$$

在静止坐标系中,若基波以逆时针 ω 的角速度运行,则 7 次谐波同样以逆时针 7ω 的角速度运行,叠加 7 次谐波电流引起的谐波磁动势后,总磁动势的运动轨迹不再是圆形;在 7 次谐波含量不同时,总磁动势偏离圆形的程度也不同。由单台非线性负载谐波特性分析可知,7 次谐波电流含有率随各项参数的变化而不等,选取 HRI_7 为 5%、7%、10%、15%时,仿真分析总磁动势在静止坐标系下运行轨迹,如图 7-8 所示。

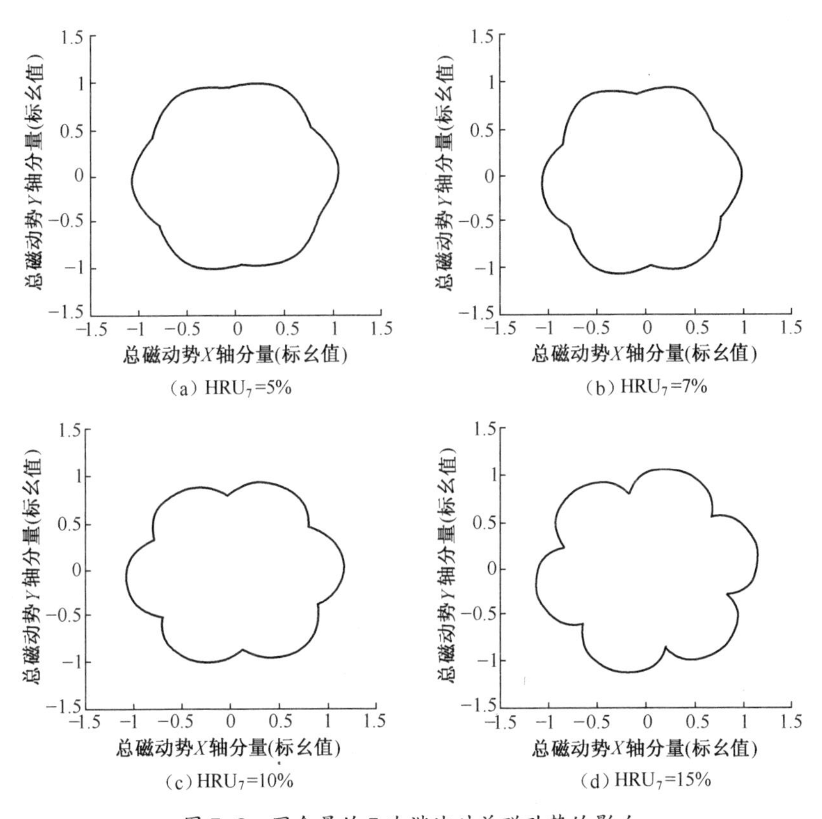

图 7-8　同含量的 7 次谐波对总磁动势的影响

由图 7-8 可知,7 次谐波含量越大,谐波磁动势越大,导致总磁动势运行轨迹偏离圆形,相应产生的转矩脉动程度越大。

由以上分析可知,若电枢电流中含有单次谐波,无论是正序谐波分量还是负序谐波分量,都会对总磁动势运行轨迹造成影响,且谐波含量越大,总磁动势畸变程度越大。

3. 电枢电流含有多次谐波

由非线性负载产生的各次谐波电流含有率变化曲线可知,谐波电流次数越高,其含有率越小。忽略高次谐波,计算到 13 次谐波,由于三相对称系统中 3 次及 3 的倍数次谐波产生的谐波磁动势为零,即在研究谐波磁动势对总磁动势运行轨迹影响时可不考虑电枢电流中 3 次及

3 的倍数次谐波电流。经过傅里叶分解后电流可表示为

$$i=\sqrt{2}I_1\sin(\omega t+\varphi_1)+\sqrt{2}I_5\sin(5\omega t+\varphi_5)+\sqrt{2}I_7\sin(7\omega t+\varphi_7)+\sqrt{2}I_{11}\sin(11\omega t+\varphi_{11})+\sqrt{2}I_{13}\sin(13\omega t+\varphi_{13}) \tag{7-27}$$

在静止坐标系中,若基波以逆时针 ω 的角速度运行,5 次谐波则以顺时针(5ω)的角速度运行,7 次谐波则以逆时针(7ω)的角速度运行,11 次谐波则以顺时针(11ω)的角速度运行,13 次谐波则以逆时针(13ω)的角速度运行。谐波电流包含谐波次数越多,总谐波磁动势越大,总磁动势运行轨迹畸变越严重,仿真分析谐波电流 4 种不同的组合时总磁动势运行轨迹,仿真结果如图 7-9 所示。

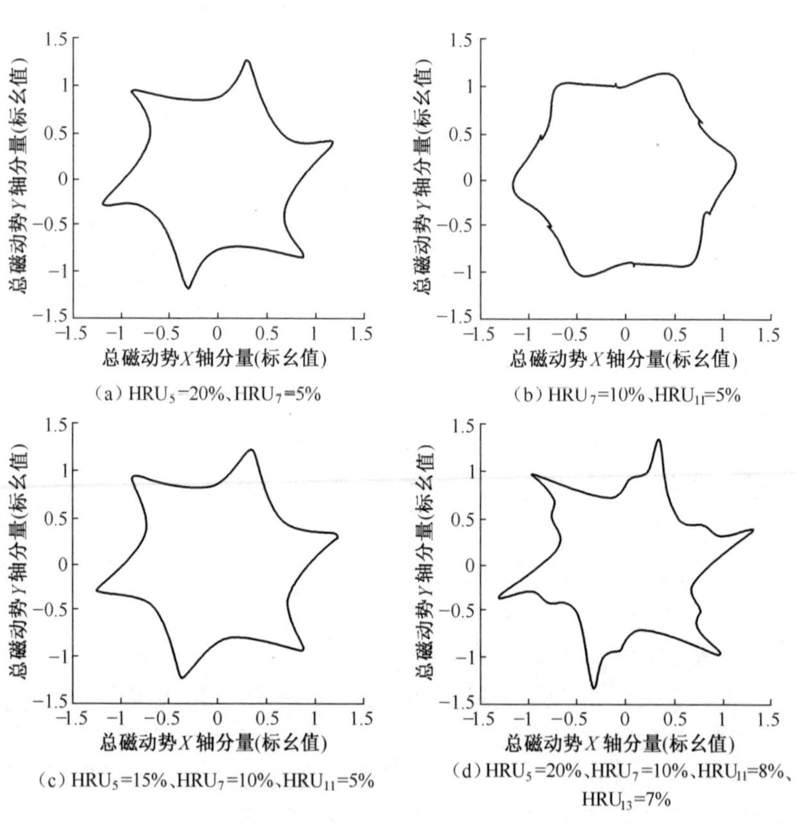

(a) HRU_5=20%、HRU_7=5%
(b) HRU_7=10%、HRU_{11}=5%
(c) HRU_5=15%、HRU_7=10%、HRU_{11}=5%
(d) HRU_5=20%、HRU_7=10%、HRU_{11}=8%、HRU_{13}=7%

图 7-9 不同次数的谐波对总磁动势的影响

由图 7-9 可知,谐波成分越复杂、电流的总谐波畸变率(THD)越大,引起总磁动势运行轨迹越偏离圆形,即相应的谐波脉动转矩越大,柴油发电机组有效输出功率必然降低。

7.2.3 谐波脉动转矩解析式

目前,研究谐波转矩的文献通常只是得出估算式,得到模糊的关系曲线,不仅误差大,而且会影响后续滤波环节的设计工作,利用能量法,尝试推导出谐波电流引起的转矩脉动的解析式。

为便于计算,假设:

(1) 不考虑电机磁饱和。

(2) 忽略电机气隙偏心,认为定子和转子之间的气隙是均匀的。

(3) 不考虑谐波电流对励磁系统的影响,认为励磁系统可以稳定输出电压。

(4) 电机极对数为 1。

同步发电机带非线性负载时,其气隙磁动势可以看作两个行波方程的合成,即

$$f(\alpha,t)=F_{\mathrm{s}}\cos(\omega_0 t-\alpha)+F_{\mathrm{r}}\cos\left(\omega_0 t-\alpha+\psi+\frac{\pi}{2}\right)\tag{7-28}$$

式中:F_{s} 为定子绕组合成磁动势基波分量幅值;F_{r} 为转子绕组磁动势基波分量幅值;ω_0 为电角频率;α 为定子机械角度;Ψ 为 $\Psi=\theta+\varphi$,其中 θ 为功率角,φ 为功率因数角。

电机气隙磁场能量为

$$W=\frac{RL\Lambda_0}{2}\int_0^{2\pi}\left[F_{\mathrm{s}}(\alpha,t)+F_{\mathrm{r}}(\alpha,t)\right]^2\mathrm{d}\alpha\tag{7-29}$$

式中:R 为定子内圆半径;L 为电机轴向有效长度;Λ_0 为均匀气隙磁导。

定子和转子电流不变时,转子作虚位移 $\Delta\Psi$,电磁转矩为

$$T_{\mathrm{e}}=\frac{\partial W}{\partial\psi}=\pi RLF_{\mathrm{r}}F_{\mathrm{s}}\cos\psi\tag{7-30}$$

当电枢电流中含有谐波时,有

$$W' = \frac{RL\Lambda_0}{2}\int_0^{2\pi}\left[F_s(\alpha,t) + F_r(\alpha,t) + \sum_{n=2}^{N} F_n(\alpha,t)\right]^2 \mathrm{d}\alpha \tag{7-31}$$

式中，$F_n(\alpha,t)=F_n\cos(n\omega_0 t \pm\alpha+\theta_n)$，当 $n=6k+1$ 时取负号，$n=6k-1$ 时取正号。

将其代入式(7-31)，可得

$$T_e' = \frac{\partial W'}{\partial\psi} = \pi RL\Lambda_0 F_r F_s\cos\psi + \sum_{n=2}^{N}\pi RL\Lambda_0 F_r F_n\cos[(\mp n - 1B)\omega_0 t - \psi \mp \theta_n] \tag{7-32}$$

式中：当 $n=6k+1$ 时，取正号；当 $n=6k-1$ 时，取负号。

由转矩表达式可知，转矩解析式包含两部分，即恒定分量和脉动分量。当谐波的相位角固定时，$F_n \propto I_n$，脉动分量的幅值与谐波电流的幅值成正比；当 F_n 比较大时，脉动分量就会对转轴产生强烈的影响，甚至会克服飞轮的转动惯量，引起柴油发电机组停转。

7.3 小　结

本章首先介绍了地下工程供电系统中柴油发电机组的特性，推导了谐波情况下同步发电机的电压方程，建立了同步发电机的数学模型，研究了谐波电流产生的旋转磁场并仿真了电枢电流含有不同谐波含量和不同谐波成分条件下总磁动势变化规律，得出谐波含量越大总磁动势运行轨迹畸变越严重，柴油发电机组有效输出功率越小的结论，最后推导了谐波脉动转矩的表达式。

第8章 谐波对柴油发电机组性能影响试验

随着电枢电流中谐波含量增加,柴油发电机组输出有功功率将减小,本章从试验的角度研究谐波对柴油发电机组工作性能的影响,选取柴油发电机组为电源,制作非线性负载柜,试验测试带非线性负载工作时柴油发电机组的性能。

8.1 整流型负载柜

为了定量研究柴油发电机组带非线性负载工作时最大输出功率,制作了功率可控制的非线性负载柜。非线性负载柜包含三相非线性负载和单相非线性负载,选用三相整流器和单相整流器来模拟军事装备中整流型非线性负载。

8.1.1 试验用三相整流型负载设计

三相非线性装置原理如图8-1所示。

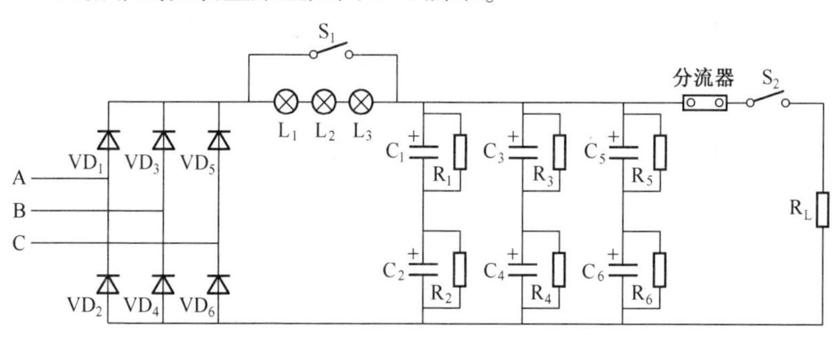

图8-1 三相非线性装置原理图

图中分流器的作用是用示波器观测直流电流波形。根据设计负载大小，结合试验目的，选择元器件的参数如下：

（1）三相整流器参数选取。交流侧线电压为 380V，选取交流侧最大通过电流为 500A 的三相整流器。

（2）滤波电容参数选取。根据资料，通用电解电容器的耐压在 500V 左右，而 380V 全波整流后的峰值电压是 537V。按照国家规定，电源电压的允许上限误差是+10%，即 418V，全波整流后的峰值电压是 591V。选用两组电容器串联来解决。

取整流后直流电压 $U_d=600\text{V}$，负载功率 $P_L=100\text{kW}$，则负载等效电阻为

$$R_L=\frac{U_d^2}{P_L}=\frac{600^2}{100000}=3.6\Omega \tag{8-1}$$

根据公式 $R_L C \geqslant \frac{3\sim5}{2}T$，$T=0.02\text{s}$，则

$$C \geqslant \frac{3\sim5}{2}\frac{T}{R_L}=8300\sim14000\mu\text{F} \tag{8-2}$$

选用最大承受电压为 450V、容量为 10000μF 的滤波电容，两个滤波电容串联组成一条支路，然后与另外两条支路相并联，如图 8-1 所示。即每条支路耐压达到 900V，容量为 5000 μF，3 条支路并联，滤波电容总容量为 15000 μF，达到要求。

（3）均压电阻参数选取。

如图 8-2 所示，电容器 C_1 的充电回路由 C_1 和 R_2 组成；C_2 的充电回路由 C_2 和 R_1 组成，电阻 R_1 和 R_2 的阻值相同。假设两个电容器的电容量不同，且 $C_1>C_2$，则两个电容器上分配的电压也不同，$U_{C_1}<U_{C_2}$，充电电流分别是 $I_{R_2}=U_{C_2}/R_2$ 和 $I_{R_1}=U_{C_1}/R_1$，可得 $I_{R_1}<I_{R_2}$，电容器 C_1 的充电电流大，相同时间充电量较大，U_{C_1} 的电压逐渐提高，最终 $U_{C_1}\approx U_{C_2}$。

仍取整流后直流电压为 600V，则 $U_{C_1}=U_{C_2}=300\text{V}$，取均压电阻 $R_1=60\text{k}\Omega$，则充电电流为

$$I_{R_1}=\frac{U_{C_1}}{R_1}=\frac{300}{60000}=5\text{mA} \tag{8-3}$$

均压电阻功率为

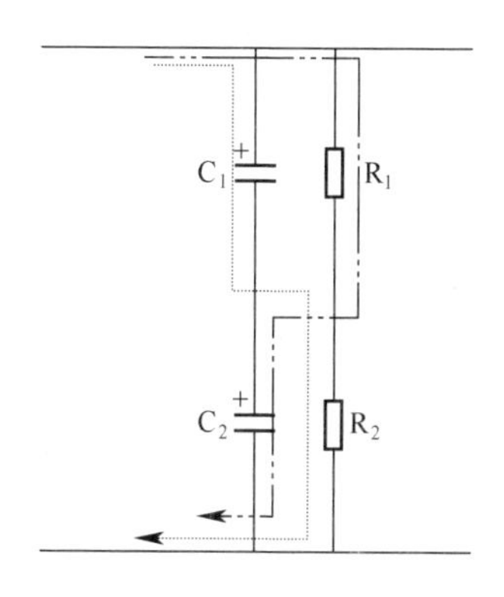

图 8-2　电容充电回路

$$P_{R_1}=\frac{U_{C_1}^2}{R_1}=\frac{300^2}{60000}=1.5\text{W} \tag{8-4}$$

为保证均压电阻的阻值有充足的裕量,选取 3 个阻值为 180kΩ、功率为 2W 的电阻并联,即并联后总的均压电阻阻值为 60kΩ,功率为 6W,满足要求。

(4) 限流电阻参数选取。在整流器投入工作之前,电容器上没有电荷,即电压为 0V,由于电容器两端电压不能突变,在合闸瞬间,整流器两端相当于短路,因此会产生很大的冲击电流,如图 8-3(a) 中曲线 1,有可能损坏二极管;且进线处的电压将瞬间下降到 0,如图 8-3(a) 中曲线 2 所示,将严重降低供电电网的电能质量,将干扰同一网络中其他设备的正常工作。

因此,在整流器与滤波电容之间接入限流电阻,减小通电时的冲击电流,且合闸瞬间电压施加在限流电阻两端,改善了电源侧电压的波形。待电容器电压上升到一定值时再将限流电阻短接。

为了便于观察,选择额定功率为 100W 的灯泡作为限流电阻,额定运行时其电阻为

$$R_0=\frac{U^2}{P_0}=\frac{220^2}{100}=484\Omega \tag{8-5}$$

额定运行时电流为

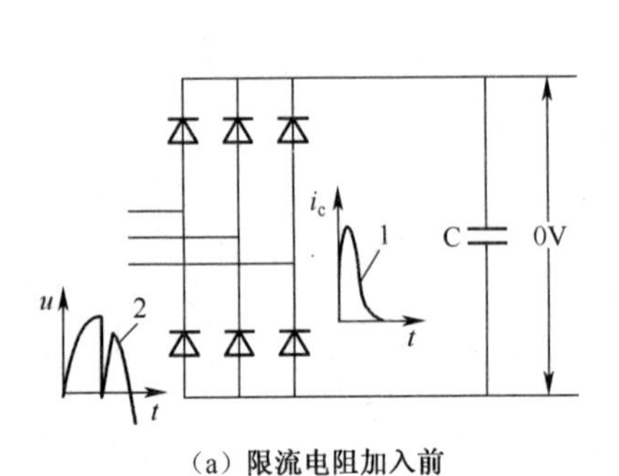

（a）限流电阻加入前

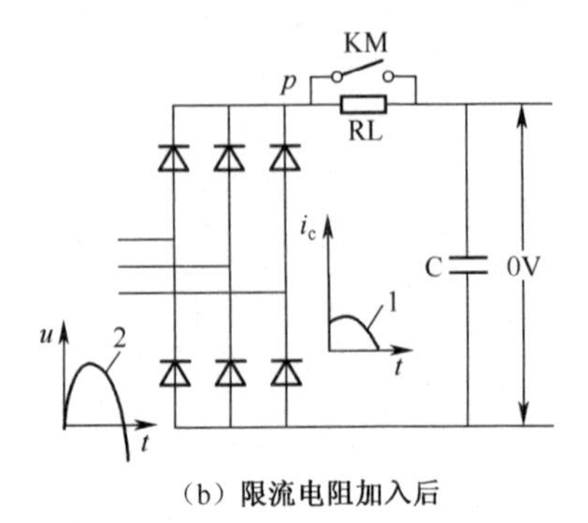

（b）限流电阻加入后

图 8-3　限流电阻工作原理

$$I_0 = \frac{P_0}{U} = \frac{100}{220} = 0.45\text{A} \tag{8-6}$$

取 3 个灯泡串联运行,则电流为

$$I = \frac{U_\mathrm{d}}{3R_0} = \frac{600}{3 \times 484} = 0.41\text{A} \tag{8-7}$$

可得 $I<I_0$,即 3 个灯泡串联后能在直流侧电压为 600V 的支路中正常工作。

(5) 充电时间计算。充电时间常数为

$$\tau = 3R_0 C = 3 \times 484 \times 15000 \times 10^{-6} = 21.78\text{s} \tag{8-8}$$

电容充电时间是充电时间常数的 3~5 倍,即充电时间为

$$t = 65.34 \sim 108.9\text{s}$$

取充电时间为 80s。

8.1.2　试验用单相整流型负载设计

单相非线性负载原理如图 8-4 所示。

(1) 单相整流器参数选取。交流侧相电压为 220V,选取交流侧最大通过电流为 100A 的单相整流器。

(2) 滤波电容参数选取。相电压经整流器后,最大直流电压为

$$U_\mathrm{d} = \sqrt{2}U_2 = 311\text{V} \tag{8-9}$$

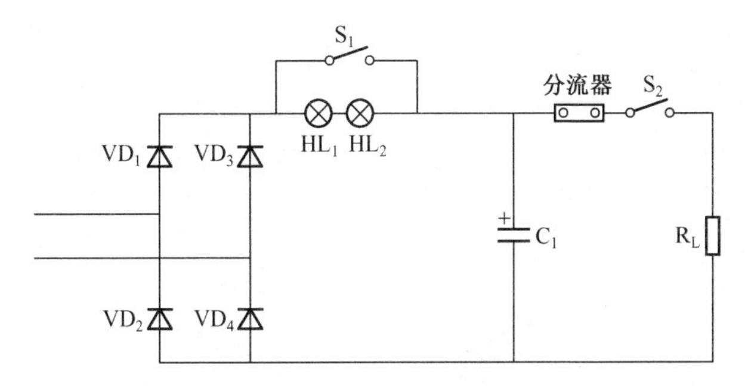

图 8-4　单相非线性装置原理图

取 $U_d=311V$，负载功率 $P_L=5kW$，则负载等效电阻为

$$R_L=\frac{U_d^2}{P_L}=\frac{311^2}{5000}\approx 19.3\Omega \tag{8-10}$$

根据公式 $R_L C \geqslant \frac{3\sim 5}{2}T$，T=0.02s，则

$$C \geqslant \frac{3\sim 5}{2}\frac{T}{R_L}=1551\sim 2590\mu F \tag{8-11}$$

选用最大承受电压为 400V、大小为 3000μF 的滤波电容，达到要求。

（3）限流电阻参数选取。取 2 个灯泡串联运行，则电流为

$$I=\frac{U_d}{2R_0}=\frac{311}{2\times 484}\approx 0.32A \tag{8-12}$$

可得 $I<I_0$，即 2 个灯泡串联后能在直流侧电压为 600V 的支路中正常工作。

（4）充电时间计算。充电时间常数为

$$\tau=2R_0\quad C=2\times 484\times 3000\times 10^{-6}=3.19s \tag{8-13}$$

电容充电时间是充电时间常数的 3~5 倍，即充电时间为

$$t=9.57\sim 15.95s$$

取充电时间为 15s。

非线性负载柜实物如图 8-5 所示。

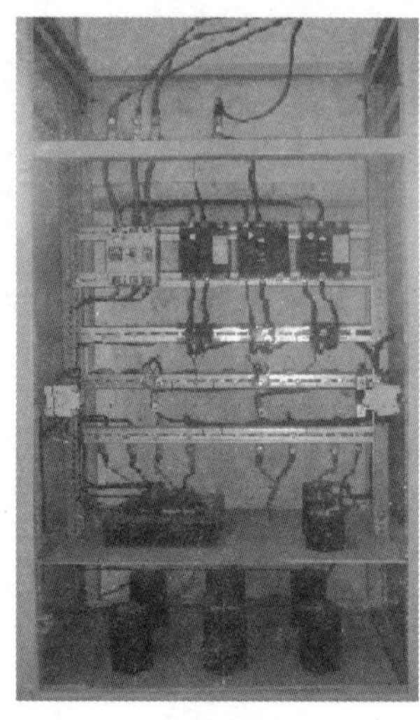
（a）正面图

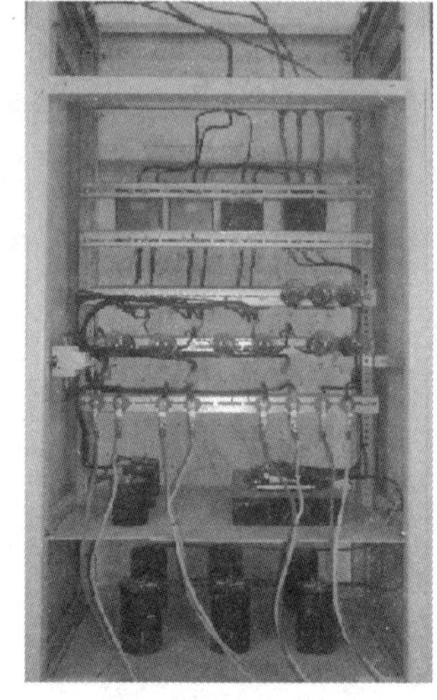
（b）反面图

图 8-5　非线性负载柜实物图

8.2 试验步骤

由于测量非线性负载对柴油发电机组工作性能的影响比较困难，现有大量关于谐波对柴油发电机组的影响分析文献只是注重于定性分析，而没有从实际工程或现场试验角度深入研究。本节构建一个以柴油发电机组为电源、非线性负载柜为负载的供电系统模拟地下工程供电系统，进而研究谐波对柴油发电机组工作性能的影响。

8.2.1 试验目的

（1）定量测试谐波对柴油发电机组运行的影响。

（2）定量测试谐波对柴油发电机组输出功率的影响。

8.2.2 试验仪器

1. 柴油发电机组

本项目选用泰州峰凌特种电机有限公司生产的柴油发电机组，其内部结构如图8-6所示。

图 8-6　柴油发电机组内部结构

2. DZ-5 振动测量分析仪

DZ-5 振动测量分析仪由压电式加速度传感器、电荷放大器和频率分析等部分组成,可测量与分析机械振动的加速度,通过积分电路可以得到速度和位移等物理量,并有表头直接读数。该仪器具有较宽的频响范围和量程范围,整机结构小巧,操作简单,携带方便,广泛用于各类机器设备的振动参数检测。

3. TES-1353 积分式噪声计

TES-1353 积分式噪声计具有自动换挡功能,携带有 RS-232 接口可与计算机相连,精确度±1.5dB,测量范围 30~130dB,适用标准 IEC Pub 651 Type2。

4. Fluke1760 电能质量记录仪

本项目选用工程中常用的 Fluke1760 电能质量记录仪测量供电系统的电能质量。Fluke1760 电能质量记录仪符合电能质量测试最严格的 IEC 61000-4-30 A 级标准,非常适合高级电能质量分析和统一标准测试。允许用户灵活自定义阈值、算法和测量选项,既可以离线记录数据,待完成测量后下载数据到计算机中进行分析,也可以通过某些通信手段与计算机联机运行,实时观测数据。

8.2.3　试验原理

柴油发电机组带非线性负载柜和功率可调节的水电阻运行，组成地下工程供电系统，增加非线性负载柜和电阻箱的功率，用电能质量分析仪测试柴油发电机组输出电流和电压有效值，用振动测量分析仪记录机组振动信号，用积分式噪声计记录噪声信号。试验原理框图如图 8-7所示。

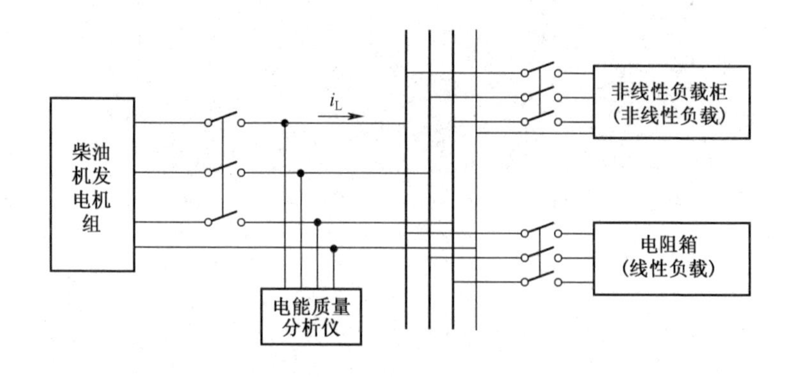

图 8-7　试验原理框图

8.2.4　试验内容

1. 柴油发电机组直接带电阻箱运行

电阻箱功率由零逐渐增加，测试额定功率为 50kW 的柴油发电机组能带动运行的线性负载极限值，即柴油发电机组带线性负载运行时最大输出功率。同时测量在线性负载增加的过程中柴油发电机组振动信号和噪声信号，振动信号测量点选在机身底架处，在柴油发电机组距机身 1m 远、距机底架 1m 高的四面各选取一点作为噪声信号测量点，同时用电能质量分析仪测试电压和电流的波形。

2. 柴油发电机组经非线性负载柜中三相整流器后带电阻箱运行

电阻箱负载功率逐渐增加，测试额定功率为 50kW 的柴油发电机组能带动运行的三相非线性负载的极限值。

3. 柴油发电机组经非线性负载柜中单相整流器后带电阻箱运行

单相非线性整流负载功率逐渐增加，测试额定功率为 50kW 的柴油发电机组能带动运行的单相非线性负载功率。

8.3 试验结果分析

8.3.1 线性负载结果分析

记录柴油发电机组输出交流电压和交流电流数据，以及柴油发电机组在负载极限值附近频率及工作状态的变化情况。电气参数如表 8-1所列。

表 8-1 线性负载不同功率时电气参数

线性负载/kW	交流电压/V			交流电流/A			频率/Hz
	U_{AB}	U_{BC}	U_{AC}	I_A	I_B	I_C	f
50.87	400	399	402	74.5	74.8	73.2	49.9
59.81	401	399	402	88.5	89.1	84	49.5
63.8	402	399	402	89.6	97.3	92.3	49.1
77.59	401	399	402	111.2	115.8	109	45-53

逐渐增加线性负载，负载较轻时，柴油发电机组输出频率基本稳定在 50Hz，输出电压保持稳定；随着负载的增加，柴油发电机组输出功率逐渐增大，工作声音越来越低沉，噪声信号和振动信号逐渐增大，此过程中输出电压有效值变化较小，稳定在 400V 左右，输出电流随负载功率的增加逐渐增大；当负载增加到 77.6kW 时，柴油发电机组输出频率急剧变化，在 45~53Hz 剧烈抖动，柴油机工作声音十分低沉，机组噪声进一步增大，排气筒排出的黑烟加重，再增加负载功率，柴油机熄火停机，此时已达到柴油发电机组最大输出功率。

记录在功率为 50kW、63.8kW 时 A 相电流波形，如图 8-8 所示。

由图 8-8 可知，柴油发电机组带线性负载运行时，电流波形近似于正弦波，畸变率较小。选取 3 个功率点，按照试验内容描述的方法测试柴油发电机组的振动信号和噪声信号，如表 8-2 所列。

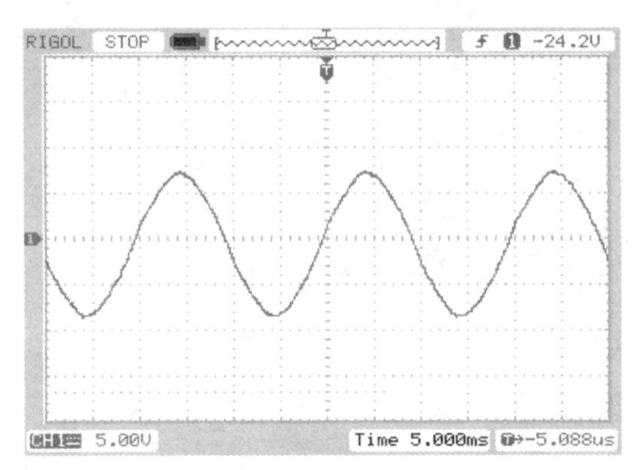

（a）P=50kW

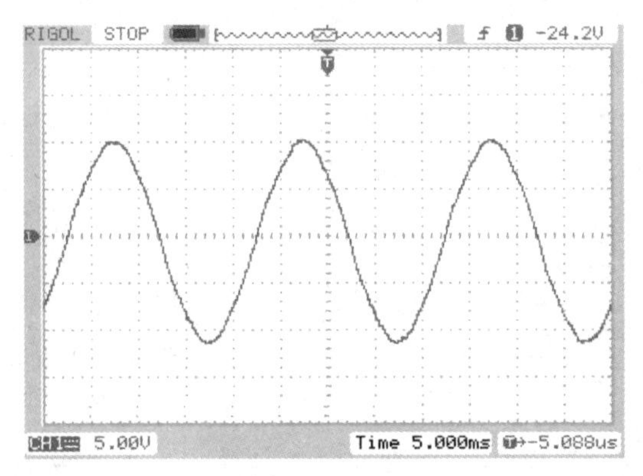

（b）P=63.8kW

图 8-8　不同功率下 A 相电流波形

表 8-2　线性负载时柴油发电机组振动信号和噪声信号

参数＼功率	空载	20kW	35kW	50kW
U_{AB}/V	401	397	396	396
U_{BC}/V	401	399	399	396
U_{AC}/V	402	397	397	397
I_A/A	＼	26	51.4	71

（续）

参数 \ 功率	空载	20kW	35kW	50kW
I_B/A		25.1	48.3	66.3
I_C/A		25.5	49.9	66.7
f/Hz	50	49.9	49.5	49.3
噪声/dB	65.4	68.7	70.8	71.9
	70.9	71.3	75.7	80.3
	70.5	71.6	73.7	75.1
	70.4	71.0	74.8	76.3
振动/(mm/s)	0.04	0.042	0.044	0.046

由表8-2可知，空载时，噪声和振动较小，频率稳定在工频状态。相对于空载状态，3次不同的负载，频率分别下降了0.2%、1%、1.4%，振动信号分别增加了5%、10%、15%，噪声信号增加的平均值分别为1.35dB、4.45 dB、6.55dB。测试表明，随着负载的增加，频率偏差越来越大，振动信号和噪声信号均有明显的增加；负载较大时，需要柴油发电机组提供较大的电能，即柴油机要输出较大的机械转矩，转矩的增加将引起机器本身振动和噪声信号的增大。

8.3.2 三相整流型负载结果分析

记录柴油发电机组输出交流电压和交流电流，以及柴油发电机组在负载极限值附近频率及工作状态的变化情况。电气参数如表8-3所列。

表8-3 三相非线性负载不同功率时电气参数

负载/kW	交流电压/V			交流电流/A			直流电流/A		频率/Hz
	U_{AB}	U_{BC}	U_{AC}	I_A	I_B	I_C	U_D	I_D	f
25.6	401	401	402	35.3	33.6	34.4	538	47.6	49.9
31.4	401	401	402	45.4	46.2	45.2	537	58.5	49.8
40.2	402	402	403	59.1	57.9	58.9	537	74.8	49.8

（续）

负载/kW	交流电压/V			交流电流/A			直流电流/A		频率/Hz
	U_{AB}	U_{BC}	U_{AC}	I_A	I_B	I_C	U_D	I_D	f
46.8	404	403	404	64.3	65.5	64.7	537	87.2	49.5
53.8	402	402	403	77.7	76.2	76.5	536	100.4	49.2
59.6	401	401	403	82.4	87	85.6	534	111.6	48.6
70.1	402	401	404	108.6	106.4	105.2	533	131.5	46.1~53

逐渐增加整流器功率,柴油发电机组输出的功率逐渐增大,输出电压变化较小,交流侧电流随负载功率的增加而变大,直流侧电压保持不变,直流侧电流逐渐增大,系统频率偏离工频程度越来越大,表明负载功率的增加引起系统频率下降;谐波导致总磁动势运行轨迹发生畸变,柴油发电机组工作声音越来越低沉。负载功率增加到 70.1kW 时,系统频率波动较大,柴油机排出黑烟,声音非常低沉,已经达到柴油发电机组输出有功功率的最大值,即柴油发电机组最大能提供 70.1kW 的有功功率。记录三相非线性负载功率为 35kW、50kW 时 A 相电流波形,如表 8-3 所列。

由图 8-9 可知,三相整流器工作时输入侧电流波形畸变严重。在整流负载有功功率为 50kW 时,电流畸变率为 25.18%,单相基波电流为 74.1A,则谐波电流为

$$I_H = I_1 \times THD_I = 74.1 \times 0.2518 \approx 18.6A \tag{8-14}$$

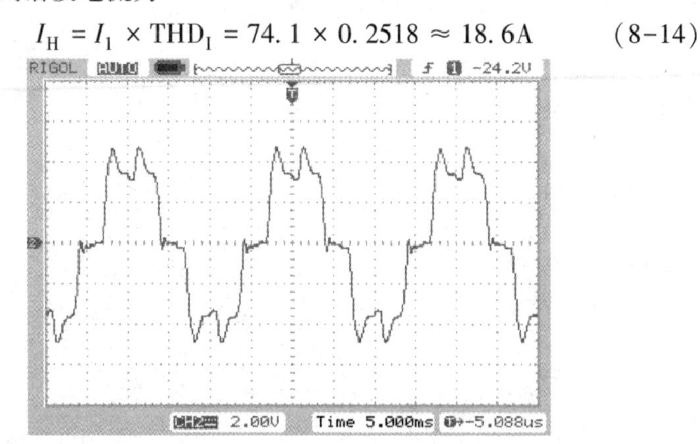

（a）P=35kW

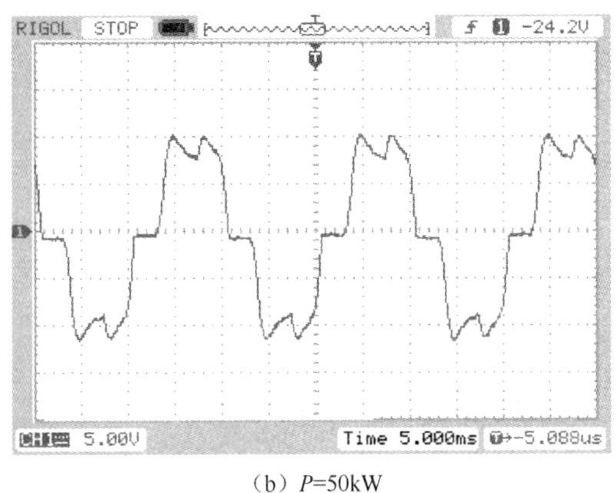

（b）P=50kW

图 8-9　不同功率下 A 相电流波形

计算结果可知，相对于基波电流，谐波电流较大，不可忽略。

选取 3 个功率点，按照试验内容描述的方法测试柴油发电机组的振动信号和噪声信号，如表 8-4 所列。

表 8-4　非线性负载时柴油发电机组振动信号和噪声信号

参数＼功率	空载	20kW	35kW	50kW
U_{AB}/V	401	397	396	395
U_{BC}/V	401	398	398	396
U_{AC}/V	401	398	398	397
I_A/A		26	48.3	68
I_B/A		23.8	49.2	67.1
I_C/A		24.7	51.2	69.3
U_D/V	555	535	534	532
I_D/A		36.5	68.6	92.8
f/Hz	50	49.6	49.2	48.5
噪声/dB	65.4	73.1	74.3	77.6
	70.9	76.3	78.9	81.5
	70.5	74.1	75.3	78.9
	70.4	74.2	75.2	78.7
振动/(mm/s)	0.04	0.045	0.052	0.064

空载时,输出电压稳定且三相对称,电网频率稳定在50Hz,噪声和振动信号均较小,3次增加负载后,振动信号分别增加了12.5%、30%、60%,噪声信号增加的平均值分别为5.1dB、6.6 dB、9.8 dB。整流器功率增加,电流波形畸变严重,谐波电流变大,谐波脉动转矩变大,引起柴油发电机组振动信号和噪声信号的增加。

8.3.3 单相整流型负载结果分析

测量柴油发电机组带单相整流器运行输出功率时,试验中只投入一台单相整流器,此时供电系统以不平衡负载运行,为保证柴油发电机组安全运行,非线性负载极限情况不易测量,根据公用电网三相不平衡负载运行的相关标准,选择单相负载为2kW、5kW、8kW时柴油发电机组输出电压、电流、频率的数值,并记录柴油发电机组的振动信号和噪声信号,如表8-5所列。

表8-5 单相非线性负载时振动信号和噪声信号

参数＼功率	空载	2kW	5kW	8kW
U_{AB}/V	401	394	394	395
U_{BC}/V	401	400	401	400
U_{AC}/V	402	399	399	399
U_{AN}/V		228	226	227
I_A/A		7.4	18.4	27.7
f/Hz	50	49.9	49.6	49.4
噪声/dB	65.4	68.8	72.4	74.4
	70.9	72.1	76.1	79.8
	70.5	70.9	75.6	77.7
	70.4	70.1	73.8	75.5
振动/(mm/s)	0.04	0.041	0.045	0.048

柴油发电机组带单相整流器时,即向三相不平衡负载供电,空载时频率稳定在50Hz,输出线电压在400V左右,说明柴油发电机组工作正

常,噪声信号和振动信号比较低,随着负载的增加,系统频率越来越不稳定,波动范围变大,同时,负载电流变大且谐波电流也增大,导致谐波脉动转矩变大,引起柴油发电机组的振动信号和噪声信号变大。在单相整流器的功率为 3. 8kW、5. 47kW 时柴油发电机组输出电流波形,如图 8-10 所示。

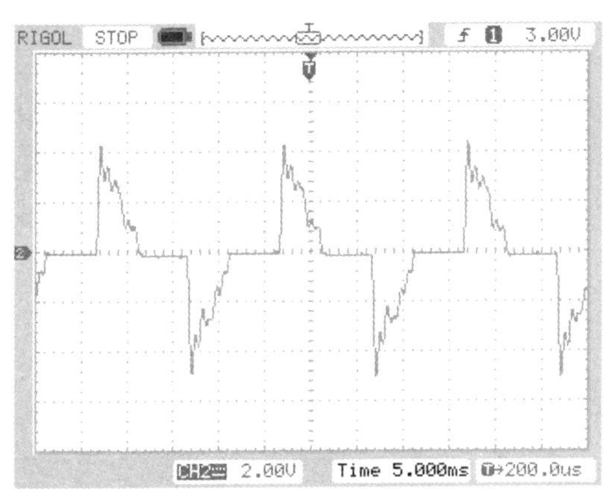

(a) P=3.8kW

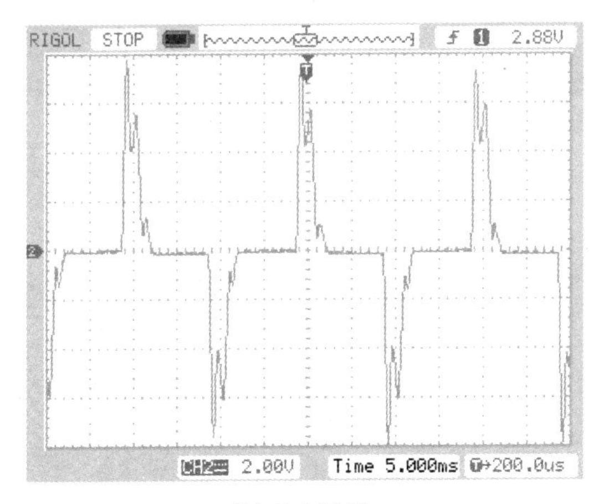

(b) P=5.47kW

图 8-10　不同功率下电流波形

由图 8-10 可知,单相非线性负载运行时电流波形畸变十分严重。在功率为 3. 8kW 时,电流畸变率为 73. 6%,基波电流为 16. 9A,则谐波

电流为

$$I_H = I_1 \times THD_I = 16.9 \times 0.736 \approx 12.4A \tag{8-15}$$

计算结果可知,相对于基波电流,谐波电流已非常大,谐波功率较大,不可忽略其影响。

上述试验结果表明,柴油发电机组向线性负载输出有功功率能力大,而向非线性负载输出有功功率明显降低,这是因为非线性负载工作时产生谐波电流,谐波电流在同步发电机内产生谐波磁场,谐波磁动势与基波磁动势叠加后改变了总磁动势的运行轨迹,产生脉动转矩,使柴油发电机组产生了振动,降低了机械转矩转化为电磁转矩的效率,从而使柴油发电机组输出有功能力降低。

8.4 小　　结

本章从试验的角度分析了柴油发电机组输出功率与谐波的关系,为了方便试验研究并节约成本,设计制作了整流型负载柜,阐述了试验步骤并对试验结果进行了详细的分析,验证了谐波产生脉动转矩致使柴油发电机组输出有功功率降低的结论,并探讨了提高带非线性负载运行时柴油发电机组输出有功功率的方法。

第9章 地下工程供电系统谐波抑制技术研究

相对于公用电网,柴油电站供电时突出特点是电源内阻抗比较大、电网频率不稳定,增加了对谐波进行治理的难度。在公用电网中,通常采用功率因数校正技术、无源滤波技术或有源滤波技术进行谐波抑制,但这些抑制谐波的方式能否在频率变化较大的柴油电站供电时发挥滤波效能需要进一步研究论证。

9.1 谐波抑制方案研究

地下工程引接外电时,电网容量很大、频率稳定,滤波的方法较多。在内电电源工作时,电网容量较小,频率波动较大,滤波较为困难。地下工程供电系统的谐波抑制方案必须兼顾外电供电和内电供电两种情况,因此需要研究合适的滤波方案。

9.1.1 频率波动对无源滤波器影响研究

相对于公用电网,柴油电站供电时一个显著特点是电网频率不稳定,负载功率发生变化时易引起电网频率波动。

当扰动使电网频率具有 Δf 的偏差时,对 n 次谐波, $\Delta\omega_n = n2\pi\Delta f$, $\omega'_n = \omega_n + \Delta\omega_n$, 滤波支路阻抗为

$$Z'_n = R + \mathrm{j}(\omega'_n L - \frac{1}{\omega'_n C}) \tag{9-1}$$

由于供电系统频率发生变化,电网中各次谐波分量也相应发生变化,由于无源滤波器是按照工频条件下设计的,在电网频率发生变化后,无源滤波器支路阻抗对 n 次谐波不再是最小值,将导致滤波效能的下降。

由于整流设备所产生的谐波占谐波总量近40%，是最大的谐波源，因此本书选择带阻感负载的单相整流电路，根据其谐波特性，设计一组无源滤波器，由3次、5次、7次单调谐滤波器组成，仿真分析电网频率变化对电路中无源滤波器工作性能的影响。在工频50Hz时，启用无源滤波器前后电源侧电流如图9-1所示。在未加滤波器时，电路THD为8.17%，启用滤波器之后，电路THD为0.32%，说明设计的无源滤波器组能很好地滤除谐波。

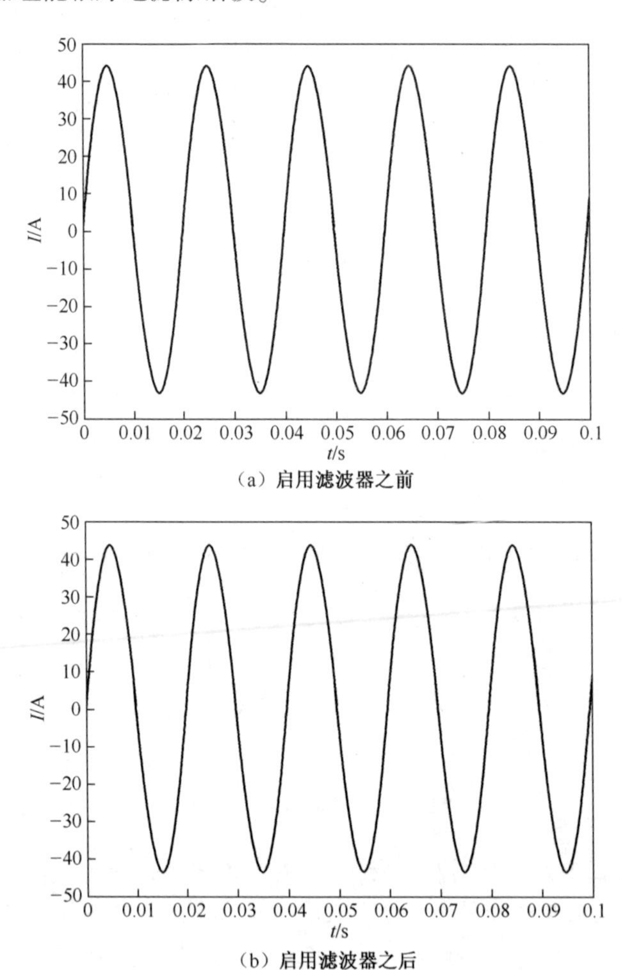

（a）启用滤波器之前

（b）启用滤波器之后

图9-1　电源侧电流波形

当电网频率受到扰动时，记录电网频率为 50Hz±3Hz 时经过无源滤波器组滤波之后电源侧电流的总谐波畸变和各次谐波含量，如表 9-1所列。

表 9-1　不同频率下电流谐波畸变

频率/Hz		47	48	49	50	51	52	53
THD_I		6.15%	5.71%	3.80%	0.32%	3.59%	6.08%	6.43%
3 次	THD_3	2.33%	2.25%	1.5%	0.12%	1.38%	2.37%	2.35%
	I_3/mA	699.1	693.4	466.1	37.04	422.3	728.5	734.4
5 次	THD_5	1.2%	1.23%	0.86%	0.04%	0.8%	1.26%	1.14%
	I_5/mA	360	379.1	267.2	12.34	244.8	387.3	356.3
7 次	THD_7	0.8%	0.86%	0.59%	0.04%	0.56%	0.86%	0.75%
	I_7/mA	240	267.2	183.3	12.34	171.4	267.2	234.4
ΔI	/A	1.847	1.760	1.181	0.099	1.099	1.869	1.980

由表 9-1 可知，在工频时，经过无源滤波器组后各项谐波电流较小，随着频率偏差增大，滤波后的谐波电流同样增大，电源侧电流 THD 值如图 9-2 所示，说明无源滤波器滤波效率有所降低，不能充分发挥滤波的作用。

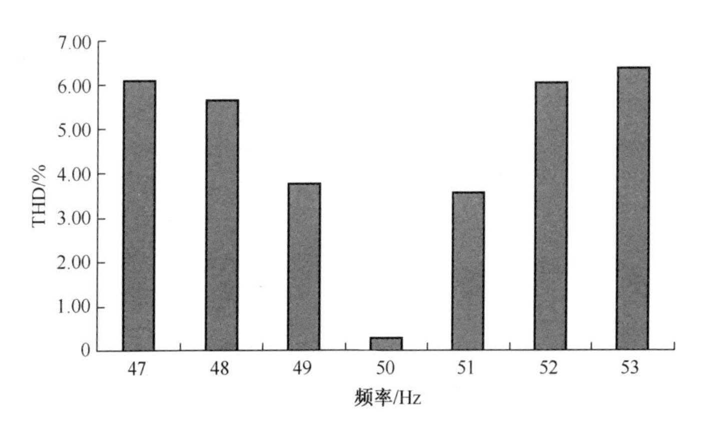

图 9-2　各频率下电源侧电流 THD

9.1.2 谐振

柴油电站供电时,负载的改变易导致系统阻抗发生变化,变化的系统阻抗可能和 LC 滤波器之间会发生并联谐振或者串联谐振,使该频率的谐波电流被放大。

在电网中,谐波源附近并联无源滤波器时,其电网可简化为电源、谐波源与无源滤波器的组合,如图 9-3 所示。

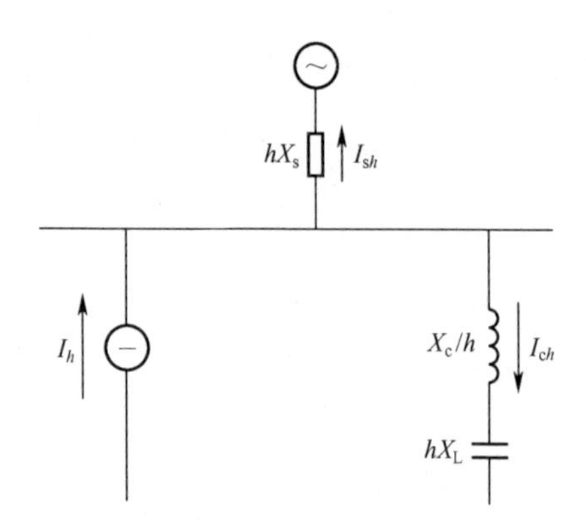

图 9-3 电网简化电路图

电网中电流分布如图 9-4 所示。设谐波源发出 h 次谐波电流,进入电网和滤波器的谐波电流分别为 I_{sh} 和 I_{ch},X_c 为电容基波电抗,X_L 为电感基波电抗,电网基波等值阻抗为 $Z_s = R_s + jX_s$,h 次谐波阻抗为 $Z_{sh} = R_{sh} + jX_{sh}$。当 h 变化时,电网阻抗和滤波器支路阻抗均发生变化,进入各支路的电流将因谐波次数的不同而发生变化。

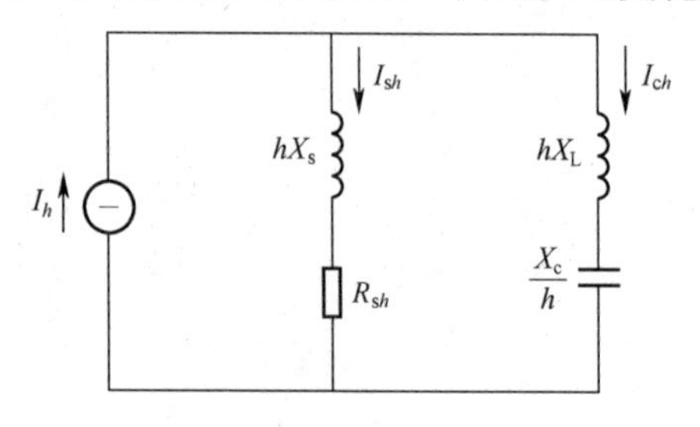

图 9-4 电网等值电路图

电路图中各支路电流可表示为

$$I_{ch}=\frac{R_{sh}+\mathrm{j}X_{sh}}{R_{sh}+\mathrm{j}hX_{\mathrm{s}}+\mathrm{j}hX_{\mathrm{L}}-\mathrm{j}X_{\mathrm{c}}/h}I_h=\frac{R_{sh}+\mathrm{j}X_{sh}}{R_{sh}+\mathrm{j}[h(X_{\mathrm{s}}+X_{\mathrm{L}})-X_{\mathrm{c}}/h]}I_h \tag{9-2}$$

$$I_{sh}=\frac{\mathrm{j}(hX_{\mathrm{L}}-X_{\mathrm{c}}/h)}{R_{sh}+\mathrm{j}hX_s+\mathrm{j}hX_{\mathrm{L}}-\mathrm{j}X_{\mathrm{c}}/h}I_h \tag{9-3}$$

无源滤波器中电感与电网参数中的电感合成后与电容可能发生并联谐振,导致谐波电流被放大,造成严重的后果。

9.1.3 抑制方案

由分析可知,在电源内阻抗较大、频率不稳定的柴油电站供电系统中,无源滤波器滤波效能严重下降,且与电网参数易发生并联谐振,放大谐波电流,因此综合考虑外电和内电供电时,地下工程供电系统的谐波抑制方案应选择有源电力滤波技术。

9.2 仿真分析

9.2.1 瞬时无功功率理论

三相电路瞬时无功功率理论由日本学者 Fryze、Quade 和 Akagi 等提出的,随后得到了广泛深入的研究,该理论突破了传统的以平均值为基础的功率定义,系统地定义了瞬时无功功率、瞬时有功功率等瞬时功率量,以该理论为基础可以得出用于有源电力滤波器的谐波和无功电流实时检测方法。

传统功率理论中的有功功率、无功功率都是在平均值基础或相量的意义上定义的,它们只适用于电压、电流均为正弦波时的情况,而瞬时无功功率理论中的概念,都是在瞬时值的基础上定义的,不仅适用于正弦波,也适应用于非正弦波和任何过渡过程的情况下。从以上各定义可以看出,瞬时无功功率理论中的概念,在形式上和传统理论非常相似,可以看成传统理论的推广和延伸。

1. $\alpha\beta$ 坐标下瞬时无功功率理论

假定同步电机的定子三相绕组空间上互差 120°，且通过时间上互差 120°的三相正弦交流电，此时在空间上会建立一个角速度为 ω 的旋转磁场。另外，若定子空间上有互相垂直的 α、β 两相绕组，且在绕组中通以时间上互差 90°的两相平衡交流电时也能建立与三相绕组等效的旋转磁场，因而可用两相绕组 α、β 等效代替定子三相绕组的作用，这就是 α、β 变换的思路。如图 9-5 所示，习惯上取 α 轴线与 a 相轴线重合，β 相绕组轴线则超前 a 相 90°。

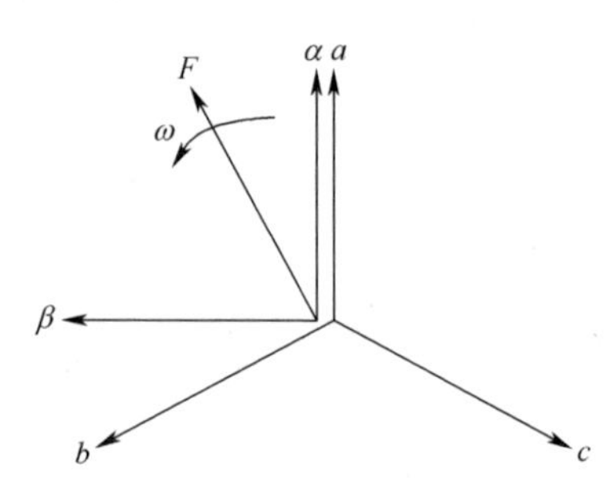

图 9-5 α、β 等值绕组相对位置示意图

从上面的分析可以看出 α、β 变换是根据电机双反应原理作出的变换，其变换后的参考坐标仍置于电机定子侧，a、b、c 三相正弦交流电流经过 $\alpha\beta$ 变换后，在 α、β 两相绕组上呈现为两相交流电。

设三相电路各相电压和电流的瞬时值分别为 e_{a}、e_{b}、e_{c}和 i_{a}、i_{b}、i_{c}。把它们变换到 α-β 两相正交的坐标系上进行研究。

$$\begin{bmatrix} e_\alpha \\ e_\beta \end{bmatrix} = C_{32} \begin{bmatrix} e_{\mathrm{a}} \\ e_{\mathrm{b}} \\ e_{\mathrm{c}} \end{bmatrix}, \begin{bmatrix} i_\alpha \\ i_\beta \end{bmatrix} = C_{32} \begin{bmatrix} i_{\mathrm{a}} \\ i_{\mathrm{b}} \\ i_{\mathrm{c}} \end{bmatrix} \tag{9-4}$$

其中

$$C_{32} = \sqrt{\frac{2}{3}} \begin{bmatrix} 1 & -\frac{1}{2} & -\frac{1}{2} \\ 0 & \frac{\sqrt{3}}{2} & -\frac{\sqrt{3}}{2} \end{bmatrix}$$

在图 9-6 所示的平面上，有下列等式：

$$\boldsymbol{e} = \boldsymbol{e}_{\alpha} + \boldsymbol{e}_{\beta} = \boldsymbol{e}\angle\varphi_{\mathrm{e}} \tag{9-5}$$

$$\boldsymbol{i} = \boldsymbol{i}_{\alpha} + \boldsymbol{i}_{\beta} = \boldsymbol{i}\angle\varphi_{\mathrm{e}} \tag{9-6}$$

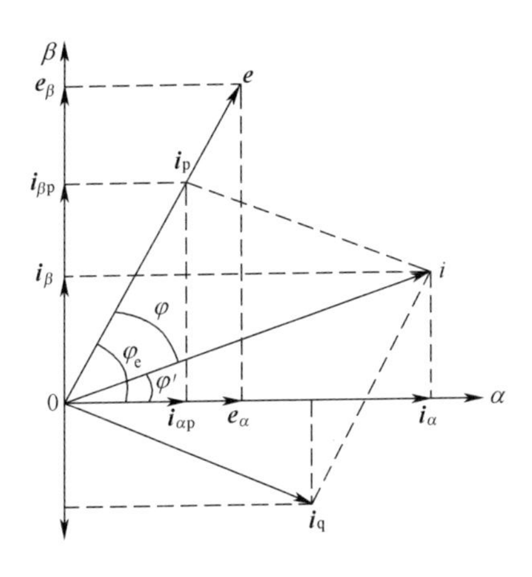

图 9-6　坐标系电流电压分量

三相电路瞬时有功电流 i_{p} 和瞬时无功电流 i_{q} 分别为向量 $\boldsymbol{i}$ 在向量 $\boldsymbol{e}$ 及其法线上的投影，即

$$i_{\mathrm{p}} = i\sin(\varphi_{\mathrm{e}} - \varphi_{\mathrm{i}}) \tag{9-7}$$

$$i_{\mathrm{q}} = i\sin(\varphi_{\mathrm{e}} - \varphi_{\mathrm{i}}) \tag{9-8}$$

$\alpha\beta$ 相的瞬时无功电流 $i_{\alpha\mathrm{q}}$、$i_{\beta\mathrm{q}}$ 和瞬时有功电流 $i_{\alpha\mathrm{p}}$、$i_{\beta\mathrm{p}}$ 为三相电路瞬时无功电流 i_{q} 和瞬时有功电流 i_{p} 在 $\alpha\beta$ 轴上的投影，即

$$i_{\alpha\mathrm{p}} = i_{\mathrm{p}}\cos\varphi_{\mathrm{e}} = \frac{e_{\alpha}}{e}i_{\mathrm{p}} = \frac{e_{\alpha}}{e_{\alpha}^{2} + e_{\beta}{}^{2}}i_{\mathrm{p}},\ i_{\beta\mathrm{p}} = i_{\mathrm{p}}\sin\varphi_{\mathrm{e}} = \frac{e_{\beta}}{e}i_{\mathrm{p}} = \frac{e_{\beta}}{e_{\alpha}^{2} + e_{\beta}^{2}}i_{\mathrm{p}} \tag{9-10}$$

$$i_{\alpha\mathrm{q}} = i_{\mathrm{q}}\sin\varphi_{\mathrm{e}} = \frac{e_{\beta}}{e}i_{\mathrm{q}} = \frac{e_{\beta}}{e_{\alpha}^{2} + e_{\beta}{}^{2}}i_{\mathrm{q}},\ i_{\beta\mathrm{q}} = -i_{\mathrm{q}}\cos\varphi_{\mathrm{e}} = -\frac{e_{\alpha}}{e}i_{\mathrm{q}} = -\frac{e_{\alpha}}{e_{\alpha}^{2} + e_{\beta}{}^{2}}i_{\mathrm{q}} \tag{9-11}$$

三相电路各相的瞬时无功电流 i_{aq}、i_{bq}、i_{cq} 和瞬时有功电流 i_{ap}、i_{bp}、i_{cp} 是 $\alpha\beta$ 两相瞬时无功电流 i_{q} 和瞬时有功电流 i_{p} 通过两相到三相变换所得到的结果，即

$$\begin{bmatrix} i_{ap} \\ i_{bp} \\ i_{cp} \end{bmatrix} = \boldsymbol{C}_{23} \begin{bmatrix} i_{\alpha p} \\ i_{\beta p} \end{bmatrix}; \begin{bmatrix} i_{aq} \\ i_{bq} \\ i_{cq} \end{bmatrix} = \boldsymbol{C}_{23} \begin{bmatrix} i_{\alpha q} \\ i_{\beta q} \end{bmatrix} \tag{9-12}$$

其中，$\boldsymbol{C}_{23} = \boldsymbol{C}_{32}^{T}$。

引入瞬时有功功率和瞬时无功功率，有

$$p = e_{\alpha} i_{\alpha} + e_{\beta} i_{\beta} \tag{9-13}$$

$$q = e_{\beta} i_{\alpha} - e_{\alpha} i_{\beta} \tag{9-14}$$

写成矩阵形式为

$$\begin{bmatrix} p \\ q \end{bmatrix} = \begin{bmatrix} e_{\alpha} & e_{\beta} \\ e_{\beta} & -e_{\alpha} \end{bmatrix} \begin{bmatrix} i_{\alpha} \\ i_{\beta} \end{bmatrix} = \boldsymbol{C}_{pq} \begin{bmatrix} i_{\alpha} \\ i_{\beta} \end{bmatrix} \tag{9-15}$$

p、q 相对于三相电压和电流的表达式：

$$p = e_{\alpha} i_{a} + e_{b} i_{b} + e_{c} i_{c} \tag{9-16}$$

$$q = \frac{1}{3}\{i_{a}(e_{b} - e_{c}) + i_{b}(e_{c} - e_{\alpha}) + i_{c}(e_{\alpha} - e_{b})\} \tag{9-17}$$

由式(9-13)和式(9-14)可以看出，三相电路瞬时有功功率就是三相电路的瞬时功率。

以三相电流瞬时无功功率理论为基础，以计算 p、q 或 i_{p}、i_{q} 为出发点即可得出三相电路谐波和无功电流检测的两种方法，分别称为 p、q 检测算法和 i_{p}、i_{q} 检测方法。

2. dqo 坐标系下的瞬时无功理论

$\alpha\beta$ 坐标系下的瞬时无功功率理论是在三相对称正弦电压和对称负载电流的条件下提出的，所定义的各物理量有其明确的物理意义，但在三相电压畸变或负载电流不对称情况下，该定义中的各个物理量不再有明确的物理意义，按照该定义也不能实现瞬时无功电流和谐波电流的完全补偿。为此提出了适合于畸变电压条件的 dqo 坐标系下的瞬时无功功率理论。abc 坐标系与 dqo 坐标系之间的变换关系用正交的变换矩阵 $\boldsymbol{C}_{p}$ 表示：

$$
\boldsymbol{C}_{\mathrm{p}}=\frac{2}{3}\begin{bmatrix}\cos\omega t & \cos(\omega t-\frac{2}{3}\pi) & \cos(\omega t+\frac{2}{3}\pi)\\ -\sin\omega t & -\sin(\omega t-\frac{2}{3}\pi) & -\sin(\omega t+\frac{2}{3}\pi)\\ \frac{1}{2} & \frac{1}{2} & \frac{1}{2}\end{bmatrix} \tag{9-18}
$$

由于 $\boldsymbol{C}_{\mathrm{p}}$是正交矩阵,则

$$
\boldsymbol{C}_{\mathrm{p}}^{\mathrm{T}}=\begin{bmatrix}\cos m\omega t & -\sin m\omega t & \frac{1}{2}\\ \cos(m\omega t-\frac{2}{3}\pi) & -\sin(m\omega t-\frac{2}{3}\pi) & \frac{1}{2}\\ \cos(m\omega t+\frac{2}{3}\pi) & -\sin(m\omega t+\frac{2}{3}\pi) & \frac{1}{2}\end{bmatrix} \tag{9-19}
$$

以 dqo 坐标系表示的电压、电流与以 abc 坐标系表示的电压、电流之间的变换关系如下:

$$
\begin{bmatrix}V_{\mathrm{d}}\\ V_{\mathrm{q}}\\ V_0\end{bmatrix}=\boldsymbol{C}_{\mathrm{p}}\begin{bmatrix}V_{\mathrm{a}}\\ V_{\mathrm{b}}\\ V_{\mathrm{c}}\end{bmatrix},\quad \begin{bmatrix}V_{\mathrm{a}}\\ V_{\mathrm{b}}\\ V_{\mathrm{c}}\end{bmatrix}=\boldsymbol{C}_{\mathrm{p}}^{\mathrm{T}}\begin{bmatrix}V_{\mathrm{d}}\\ V_{\mathrm{q}}\\ V_0\end{bmatrix} \tag{9-20}
$$

$$
\begin{bmatrix}i_{\mathrm{d}}\\ i_{\mathrm{q}}\\ i_0\end{bmatrix}=\boldsymbol{C}_{\mathrm{p}}\begin{bmatrix}i_{\mathrm{a}}\\ i_{\mathrm{b}}\\ i_{\mathrm{c}}\end{bmatrix},\quad \begin{bmatrix}i_{\mathrm{a}}\\ i_{\mathrm{b}}\\ i_{\mathrm{c}}\end{bmatrix}=\boldsymbol{C}_{\mathrm{p}}^{\mathrm{T}}\begin{bmatrix}i_{\mathrm{d}}\\ i_{\mathrm{q}}\\ i_0\end{bmatrix} \tag{9-21}
$$

三相系统瞬时功率为

$$
p=\boldsymbol{v}_{\mathrm{abc}}^{\mathrm{T}}i_{\mathrm{abc}}=\boldsymbol{v}_{\mathrm{dq0}}^{\mathrm{T}}i_{\mathrm{dq0}}=v_{\mathrm{d}}i_{\mathrm{d}}+v_{\mathrm{q}}i_{\mathrm{q}}+v_0i_0=p_{\mathrm{d}}+p_{\mathrm{q}}+p_0
$$

式中:$p_{\mathrm{d}}=v_{\mathrm{d}}i_{\mathrm{d}}$ 为 d 轴瞬时功率;$p_{\mathrm{q}}=v_{\mathrm{q}}i_{\mathrm{q}}$ 为 q 轴瞬时功率;$p_0=v_0i_0$ 为 o 轴瞬时功率。

若仅需要基波电流正序分量,且不需要进行 0 轴变换时,可以将变换矩阵 $\boldsymbol{C}_{\mathrm{p}}$ 写成 $\boldsymbol{C}_{\mathrm{p}}'$,进行 dq 变换:

$$
C'_p=\frac{2}{3}\begin{bmatrix}\cos\omega t & \cos(\omega t-\frac{2}{3}\pi) & \cos(\omega t+\frac{2}{3}\pi)\\ -\sin\omega t & -\sin(\omega t-\frac{2}{3}\pi) & -\sin(\omega t+\frac{2}{3}\pi)\end{bmatrix}
$$

(9-22)

如果需要单独检测基波负序分量,只需将 $\boldsymbol{C}_p$ 中的第2列和第3列对调,得到新的矩阵,这种检测方法可以简单理解为把检测对象电流中的负序分量当成正序分量来检测。

9.2.2 有源滤波器仿真模型

以三相电路瞬时无功功率理论为基础,在 Matlab 软件中搭建仿真模型如图 9-7、图 9-8 所示。

9.2.3 仿真结果及分析

在地下工程供电系统中,以三相桥式不控整流电路为例,建立仿真模型,观测电网电压波形、负载电流波形、补偿电流波形、滤波后电源侧电流波形,并对波形进行傅里叶分析。滤波前、后电压波形和仿真结果如图 9-9 和图 9-10 所示。

由图 9-9 和图 9-10 可知,未安装滤波器前,非线性负载引起的供电系统电压频率畸变率为 4.79%,主要为 5 次、7 次、11 次、13 次谐波,安装滤波器后电网电压畸变率降为 0.08%,各次谐波含量明显减小,说明有源滤波器的使用能改善电网电压质量。

负载电流的波形和频谱如图 9-11 所示;有源滤波器的仿真结果如图 9-12 所示。

由图 9-10 和图 9-11 可知,三相非线性负载主要发射 5 次、7 次、11 次。13 次谐波电流,电流畸变率为 28.39%,电流波形畸变严重。

图 9-12 可知,在地下工程供电系统中使用有源滤波器后电流波形明显改善,其谐波畸变率降为 4.8%,各次谐波含量均大幅减小,说明有源滤波器在频率易波动的地下工程供电系统中能够很好地对谐波进行抑制。

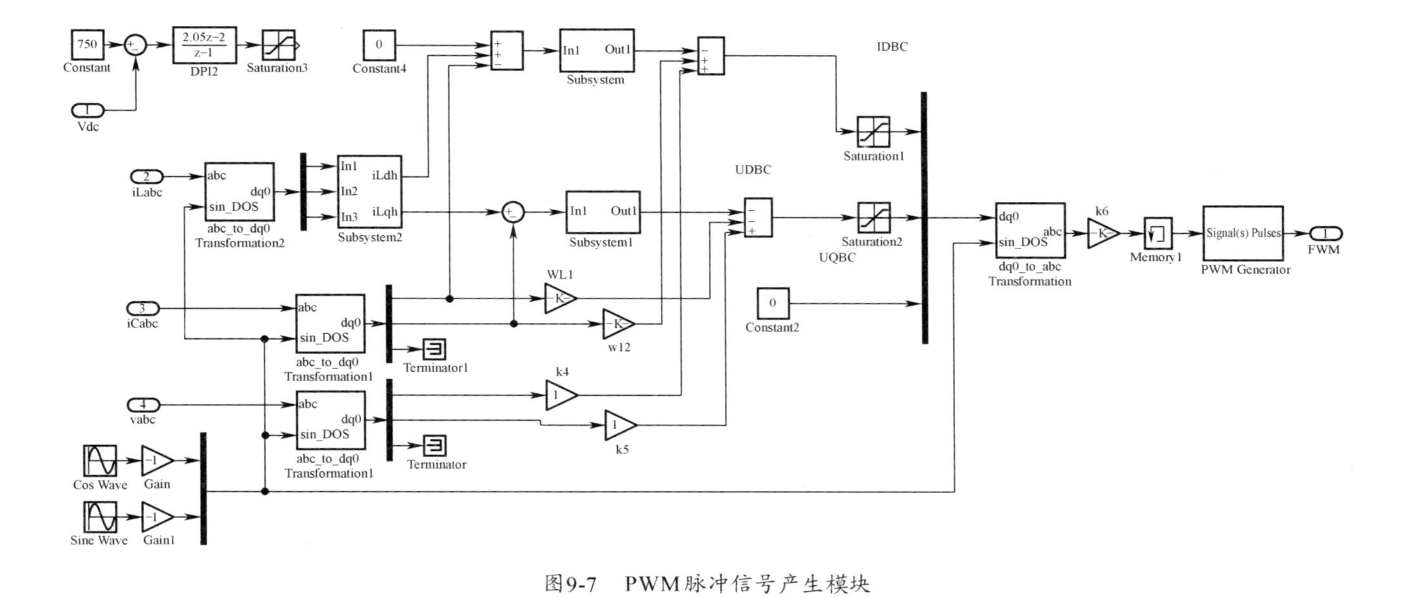

图9-7　PWM脉冲信号产生模块

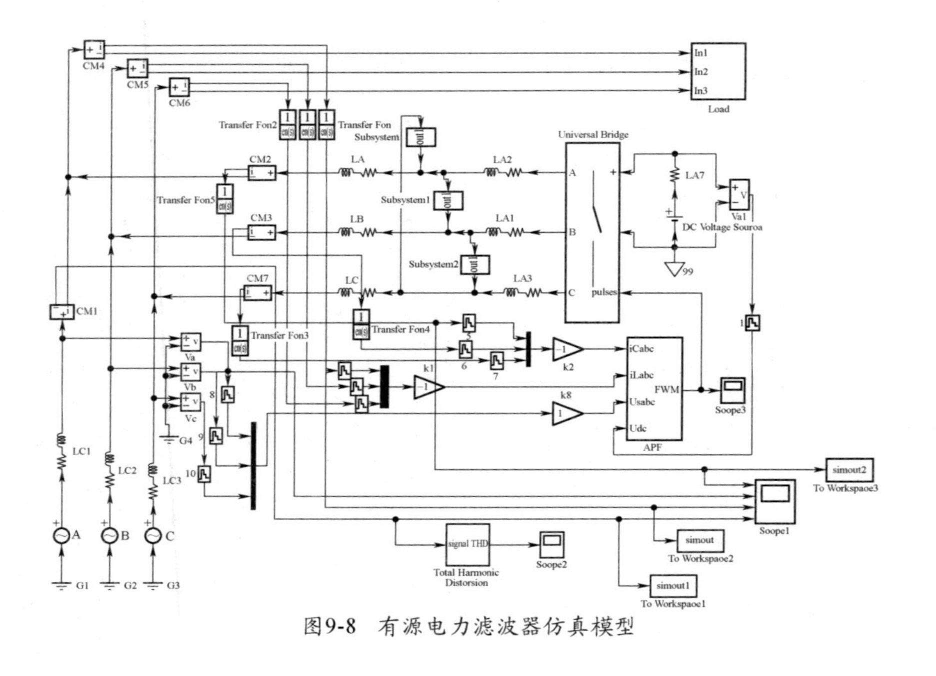

图9-8 有源电力滤波器仿真模型

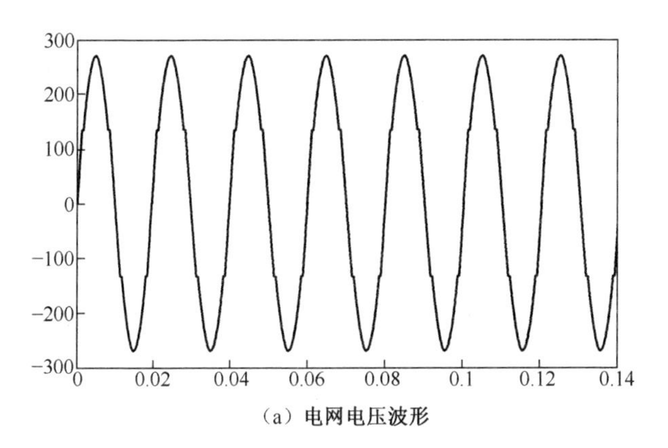

（a）电网电压波形

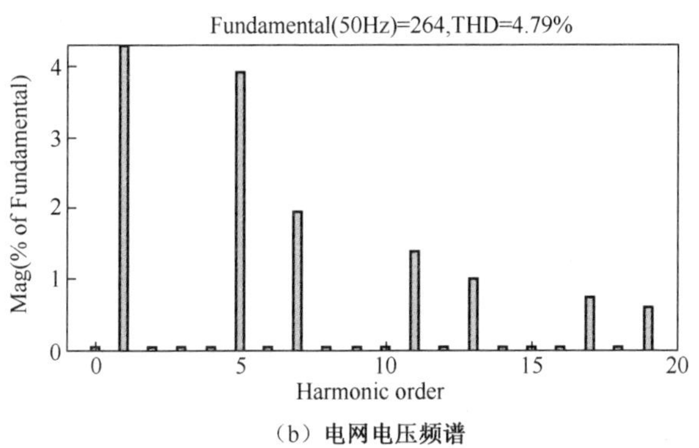

（b）电网电压频谱

图 9-9　安装滤波器前电压和畸变率

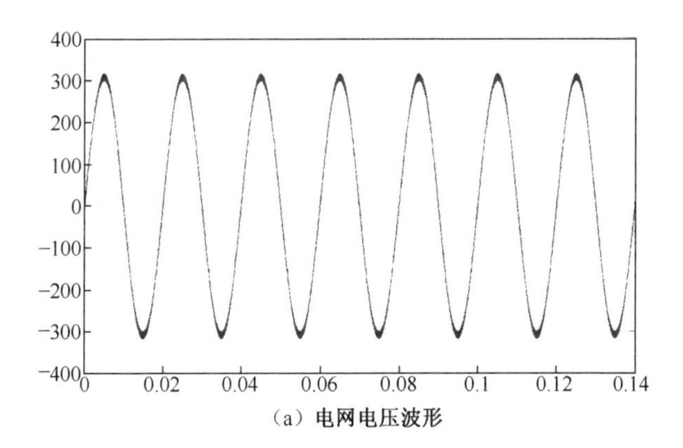

（a）电网电压波形

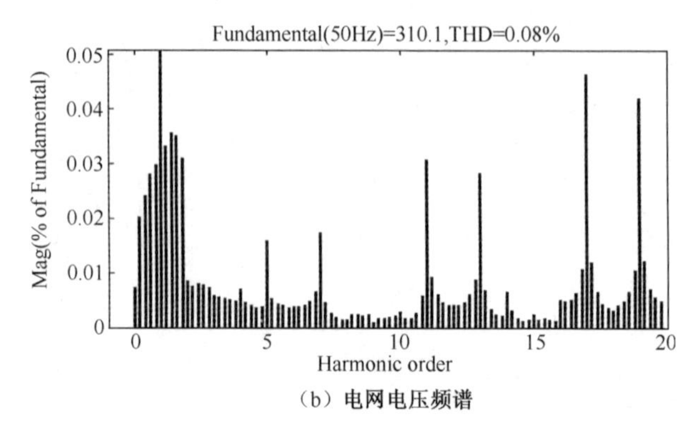

（b）电网电压频谱

图 9-10 滤波后电源电压波形和畸变率

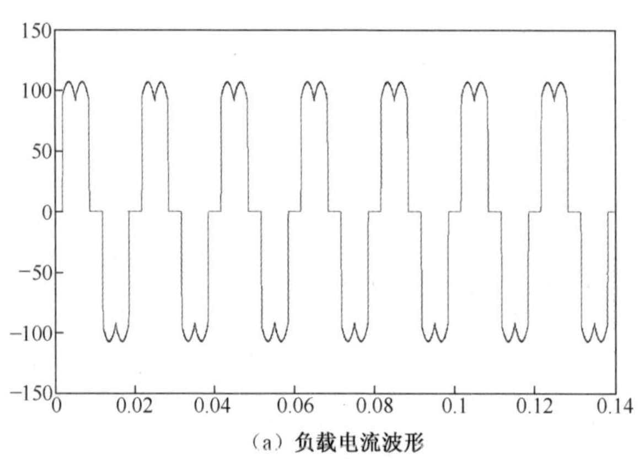

（a）负载电流波形

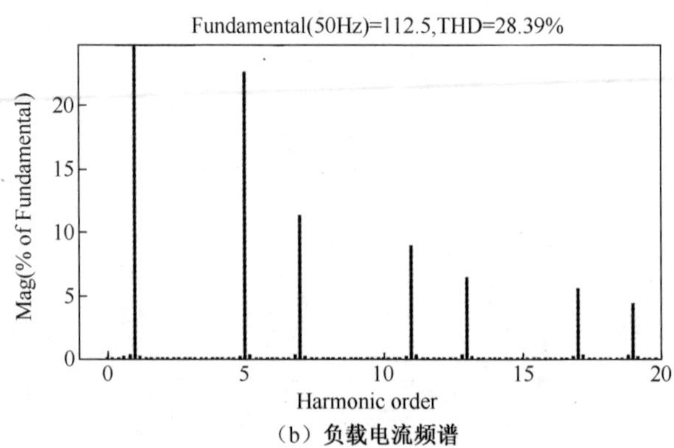

（b）负载电流频谱

图 9-11 负载电流的波形和频谱

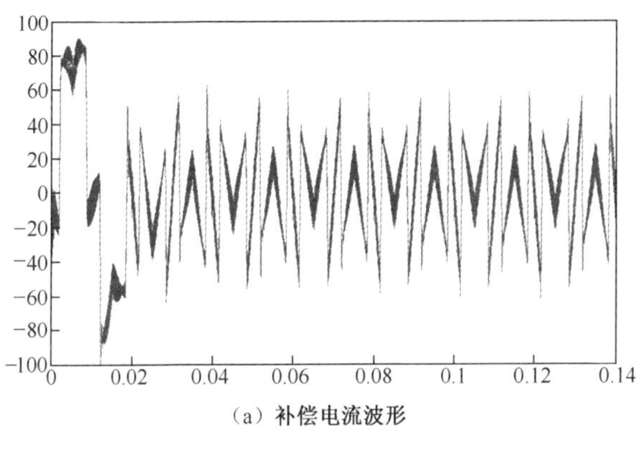

（a）补偿电流波形

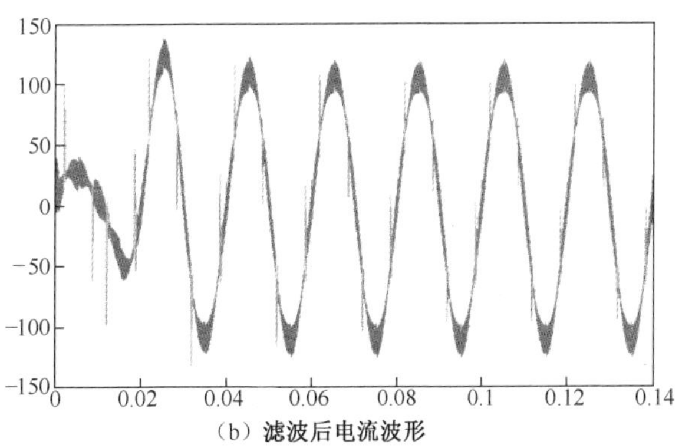

（b）滤波后电流波形

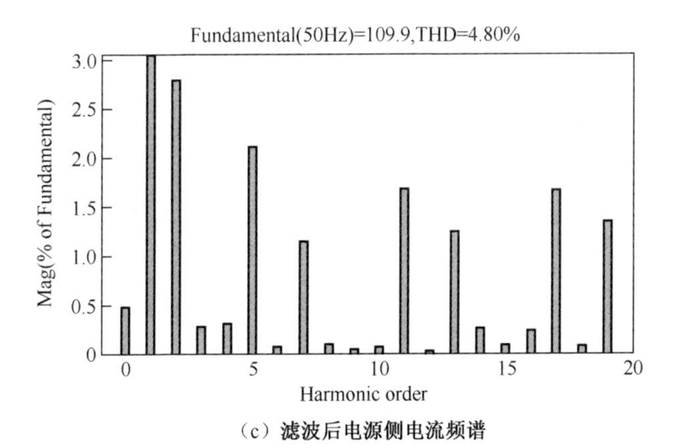

（c）滤波后电源侧电流频谱

图 9-12　有源滤波器的仿真结果

9.3 试验验证

9.3.1 试验仪器

1. 地下工程供电系统内电源

选用泰州市峰凌特种电机有限公司生产的柴油发电机组作为地下工程供电系统的电源,其额定功率为 50kW。

2. 有源滤波器

研制的三相四线制有源电力滤波器作为滤波设备。

3. 负载

选用三相整流器和单相整流器作为柴油发电机组的负载,三相整流器的直流负载为水电阻,单相整流器的直流负载为电阻车,可方便调节整流器的功率,试验所用电阻如图 9-13 所示。

图 9-13 试验所用电阻

9.3.2 试验内容及结果分析

柴油发电机组与整流器负载和必要的开关设备组成地下工程供电系统,启动柴油发电机组,向电网中提供电能,整流器负载消耗电能的同时向电网中注入谐波,调节整流器负载的功率,可改变注入电网的谐波含量。使用电流钳、示波器等设备观测负载电流数值和波形，并用电能质量分析仪分析负载电流畸变程度，将有源滤波器投入使用后，再次观测负载电流并分析其畸变程度。试验原理如图 9-14 所示。

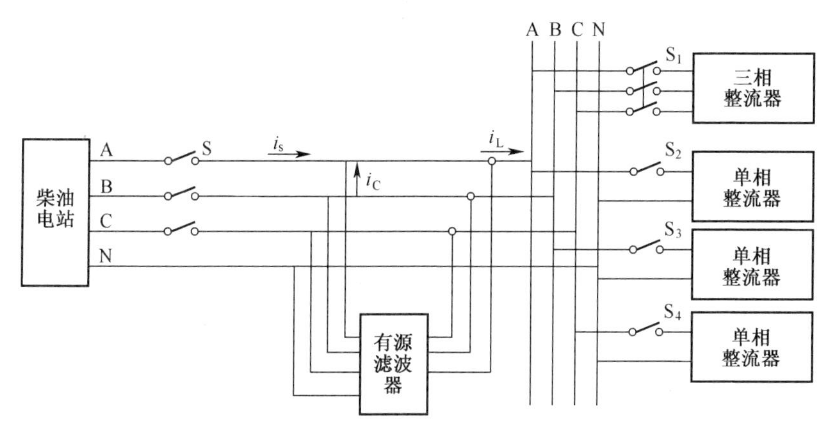

图 9-14 试验原理图

闭合开关 S、S_1 柴油发电机组电网只带三相整流器工作，使用电流钳和示波器观测负载电流波形和滤波后的电源侧电流波形，并在 Matlab 软件中分析电流波形畸变率。三相负载电流波形如图 9-15 所示，电流谐波波形如图 9-16 所示。

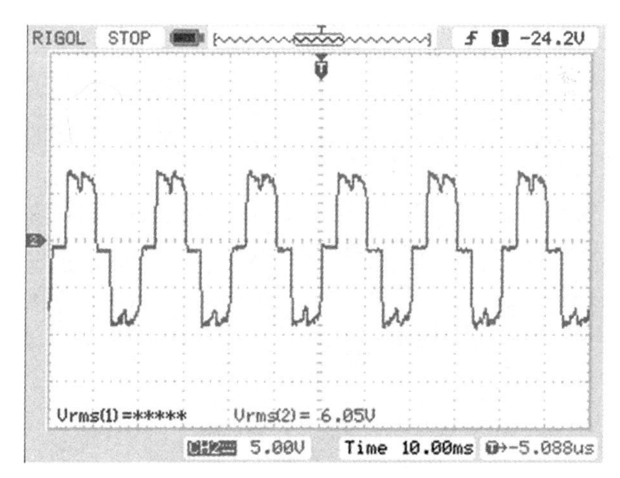

(a) 负载电流波形

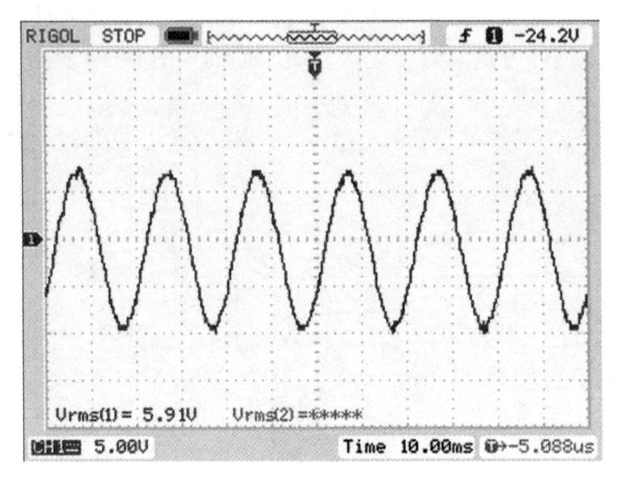

（b）电源侧电流波形

图 9-15 三相负载电流波形

由图 9-16 可知，三相整流器工作时，负载电流波形畸变严重，其 THD 为 27.9%，投入有源滤波器后，经过电流补偿，电流波形接近于正弦波，减小了波形畸变程度，其 THD 为 4.19%，说明有源滤波器在试验中能够满足地下工程供电系统滤波的要求。

闭合开关 S、S_2 柴油发电机组电网只带一台单相整流器工作，使用电流钳和示波器观测负载电流波形和滤波后的电源侧电流波形，并在 Matlab 软件中分析电流波形畸变率。单相负载电流波形如图 9-17 所示，滤波后电流波形如图 9-18 所示。

由试验波形可知，单相整流器工作时，负载电流波形畸变十分严重，其 THD 为 113.7%，有源电力滤波器投入工作后，电流波形得到明显改善，电流波形接近于正弦波，其 THD 为 15.9%，极大地降低了电流畸变率，说明有源电力滤波器能够抑制单相负载发射的谐波，且效果明显。

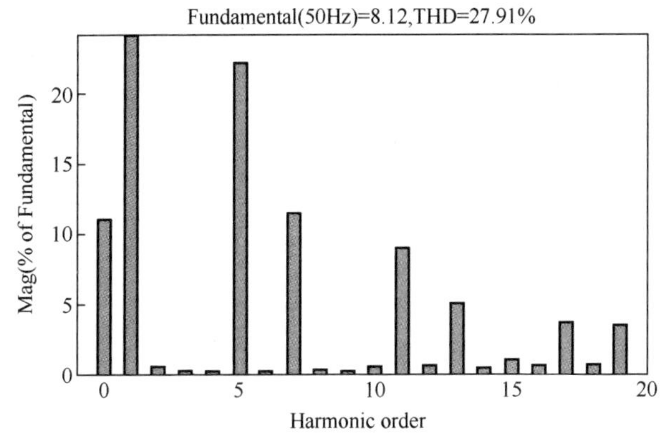

（a）负载侧电流波形

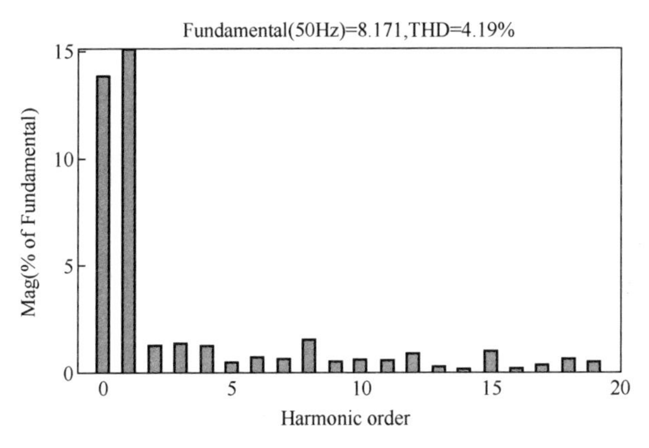

（b）电源侧电流波形

图 9-16　电流谐波含量

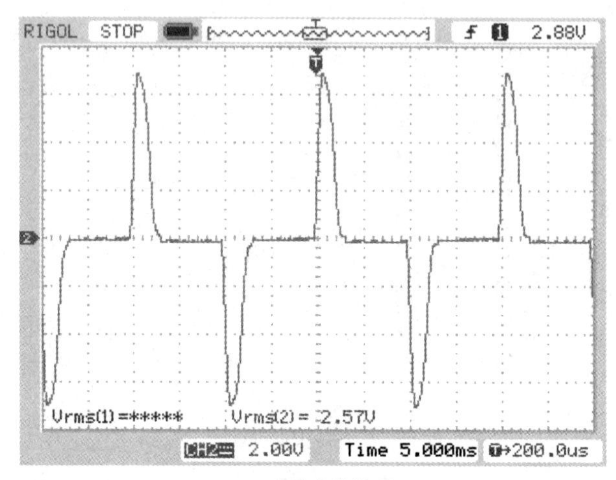

（a）负载电流波形

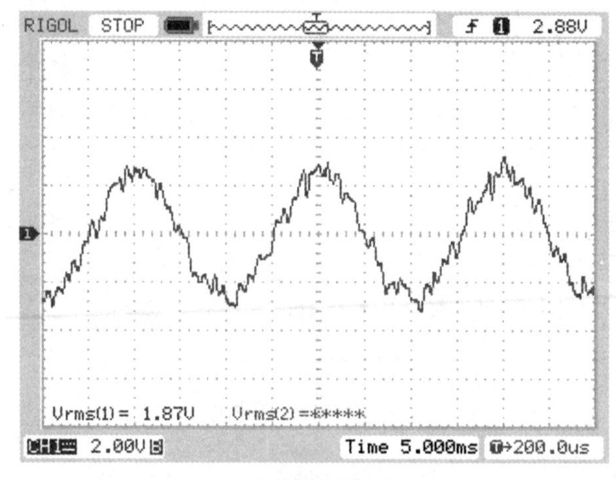

（b）电源侧电流波形

图 9-17　单相负载电流波形

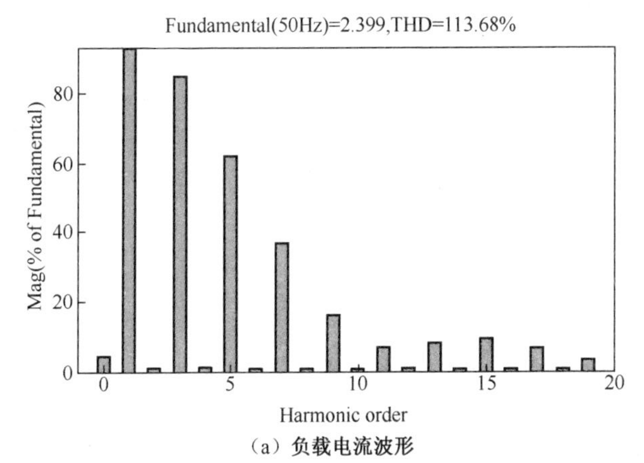

（a）**负载电流波形**

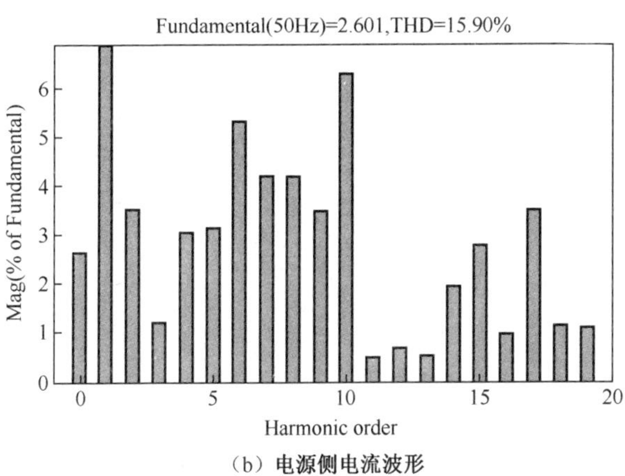

（b）**电源侧电流波形**

图 9-18　滤波后电流波形分析

9.4 小　　结

本章针对地下工程供电系统内电供电时内阻抗比较大、电网频率不稳定的特点,研究了抑制谐波的方案,无源滤波器对电网频率比较敏感且易与电网参数发生谐振,只有使用能够动态跟踪补偿负载电流的有源滤波器。依据瞬时无功功率理论,在 Matlab 软件平台中搭建了有源滤波器的仿真模型,对仿真结果进行了分析,然后以柴油发电机组为电源,整流器为非线性负载组成了简单的地下工程供电系统,试验研究了有源滤波器在地下工程供电系统中滤波性能,仿真和试验结果均表明,有源电力滤波器能够滤除地下工程供电系统中的谐波,且效果明显。

参考文献

[1] 姚勇,朱桂平,刘秀成. 谐波对低压微电网运行的影响[J]. 中国电力,2010,43(10):11-15.

[2] Zheng Z,Ai Q. Present situation of research on microgrid and its application prospects in China[J]. Power System Technology,2008,32(16):27-31.

[3] Yckaert W R J,Gusseme K,Sype V. Adding damping in power distribution systems by means of power electronic converters[J]. European Conference on Power Electronics and Applications,2006:1-10.

[4] Hannu Laaksonen,Kimmo Kauhaniemi. Voltage and current THD in microgrid with different DGunit and load configurations[C]. CIRED Seminar 2008:SmartGrids for Distribution,2008:1-5.

[5] Laaksonen H,Kauhaniemi K. Sensitivity Analysis of Frequency and Voltage Stability in IslandedMicrogrid[C]. Proc. 19th International Conference and Exhibition on Electricity Distribution (CIRED),Vienna, Austria,2007.

[6] 顾伟,陈谦,蒋平. 基于对称分量坐标的配电网谐波潮流计算模型[J]. 电力系统及其自动化学报,2004,16(1):1-8.

[7] 靳剑峰,翁利民. 配电网的谐波及其测量[J]. 电力电容器,2003,(1):13-16.

[8] 胡伟. 基于瞬时无功功率的谐波检测算法改进研究[J]. 电测与仪表,2009,46(3):6-10.

[9] 孟建新,林学华,沈广鸿. 电力电子系统谐波干扰与抑制方法分析研究[J]. 山东科技大学学报(自然科学版),2005,24(2):52-56.

[10]《变压器》杂志编辑部. 变压器技术问答(1)[J]. 变压器,2007,44(1):49-52.

[11] Janaaens N. STATIC MODEL OF MAGNETIC HYSTERESIS[J]. IEEE Transaction on Magnetics,1977,13(5):1379-1381.

[12] David J Greece, Charles A Gross. Nonlinear Modeling of Transformers[J]. IEEE TRANSACTION ON INDUSTRY APPLICATIONS,1988,24(3):434-438 .

[13] 刘成君,杨仁刚. 变压器谐波损耗的计算与分析[J]. 电力系统保护与控制,2008,36(13):33-42.

[14] 李维波. Matlab 在电气工程中的应用[M]. 北京:中国电力出版社,2007.

[15] 黄永安,马路,刘慧敏. Matlab7. 0/Simulink6. 0 建模仿真开发与高级工程应用[M]. 北京:清华大学出版社,2005.

[16] 赵岭,唐登平,陈善华. 同步控制的大功率机载相控阵雷达电源[J]. 现代雷

达,2006,28(12):126-128.
[17] 王韬. 某型雷达电源模块自动测试系统的设计[J]. 中国西部科技,2011,10(31):18-20.
[18] 杨玉东,王建新. 电容式电磁炮电源电路的设计与仿真[J]. 高压电器,2008,44(5):435-437.
[19] 王玉明,蔡金燕. 基于加速性能退化的雷达电源板可靠性评估[J]. 火力与指挥控制,2010,35(2):136-140.
[20] 周彦江,甘霖,李玉兰,等. 火炮供电系统检测研究[J]. 火炮发射与控制学报,2005(4):60-63.
[21] 高朝晖,林辉,张晓斌. 同步发电机整流负载系统平均模型的研究[J]. 微特电机,2007(11):15-18.
[22] 罗安. 电网谐波治理和无功补偿技术及装备[M]. 北京:中国电力出版社, 2006.
[23] 倪以信,陈寿孙,张宝霖. 动态电力系统的理论和分析[M]. 北京:清华大学出版社,2002.
[24] 黄曼雷,王常虹. 船舶电站柴油发电机组的非线性数学模型[J]. 哈尔滨工程大学学报,2006,27(1):15-19.
[25] 孙旭东,王善铭. 电机学[M]. 北京:清华大学出版社,2006.
[26] 韩祯祥. 电力系统分析[M]. 杭州:浙江大学出版社,2005.